好老板
胜过好老公

HAOLAOBAN
SHENGGUO HAOLAOGONG

张晓闲◎编著

中国华侨出版社

图书在版编目(CIP)数据

好老板胜过好老公 / 张晓闲编著. —北京：中国华侨出版社，2010.6
ISBN 978-7-5113-0459-9

Ⅰ.好... Ⅱ.张... Ⅲ.企业管理：人事管理—通俗读物 Ⅳ.F272.92-49

中国版本图书馆 CIP 数据核字(2010)第 097395 号

● **好老板胜过好老公**

编　　著 / 张晓闲

责任编辑 / 崔卓力

装帧设计 / 郭小军

版式设计 / 岳春河

责任校对 / 王京燕

经　　销 / 全国新华书店

开　　本 / 787×1092 毫米　1/16　印张 /16.5　字数 /226 千字

印　　刷 / 廊坊市华北石油华星印务有限公司

版　　次 / 2010 年 9 月第 1 版　2010 年 9 月第 1 次印刷

书　　号 / ISBN 978-7-5113-0459-9

定　　价 / 28.80 元

中国华侨出版社　北京市安定路 20 号院 3 号楼　邮编：100029
法律顾问：陈鹰律师事务所
编辑部：(010) 64443056　64443979
发行部：(010) 64443051　传真：(010) 64439708
网　址：www.oveaschin.com
e-mail：oveaschin@sina.com

前　言

女人都想找个好老公。好老公的标准是什么？时下流行的《蜗居》给出了定义：一是拍上一摞票子，让女人不必担心未来；二是奉上一幢房子，至少在拥有不了男人的时候，心失落了，身体还有着落。简单地说，让女人可以"不劳而获"过上好日子的男人才算好老公。

可是经济学告诉我们，一切产出都是要先有资本投入的。那些"嫁得好"的女人，真的不用辛苦劳动，就能坐享其成吗？恐怕未必，这些女人都有一番苦衷，需要忍受很多无法向外人道的委屈。特别是婚前自己工作干得不错，经济独立，结婚之后就没了收入的女人，"钱景"更是一片灰暗。过惯了"我的金钱我做主"的逍遥日子，伸手跟老公要钱怎么能行？

退一步讲，就算没有"吃人嘴短，拿人手短"的苦楚，"嫁得好"的女人们也都不是闲在家里好吃懒做的，她们聪明，能持家，会经营人际，把上上下下老老小小都伺候得井井有条，算得上是现代版本的"王熙凤"。有了这份本领，如果进入职场，势必是个女强人。也就是说，她们具备了"干得好"的本领，弃置不用，选择嫁人生子。

说来说去，如果你不是一个含着金汤匙出生的有钱公主，只是一个寻常百姓家的姑娘，就不太可能靠嫁人来一步登天。对于劳苦大众来说，嫁个好老公衣来伸手饭来张口，这根本就是一个荒唐的梦境。现在的生活压力多大呀，别的不说，光是市区的一套房子就足以让你背上大半辈子的债，更有人断言，靠工资买房子是痴人说梦。男人们坦言自己活得辛苦，有谁会心甘情愿背上你这个甜蜜的负担呢？开头儿可能甜蜜，但是负担久了，绝对变味。

聪明的女人应该尽早醒来，意识到老公要找，老板更要找。嫁人只是人生数种"投资"中的一种，自己有本事搏击职场挣钱理财才是王道。从这个角度看，好老板胜过好老公。可惜很多女孩意识不到这一点，稀里糊涂地做着灰姑娘的美梦，或者嫁了人之后整天指着老公骂"窝囊废"、"没出息"，这样做的结果只能断送未来的幸福。《好老板胜过好老公》写作的初衷，就是让执迷不悟的女同胞们早早醒悟，理解到自己挣钱的重要性和可行性。

说好老板胜过好老公，原因有以下几点：

1. 你可以跟老板讨价还价涨薪水，而老公给你的家用钱永远是那么多。

2. 你可以在职场中体会升职的乐趣，手下的人越来越多，你只要当领导发号施令就可以了，而在家里你永远是老公的"保姆"、"丫鬟"、"管家婆"。

3. 你可以跟老板条条框框地讲道理，每一项计划都有据可循，你们之间遵循的是利益底线，只要利益达成一致，老板就会听你的意见；老公却是大男子主义的产品，如果他一口回绝，你绝对没有回旋的余地，争执的结果就是伤害感情。

4. 老板对你的要求就是"挣钱"，只要你能帮他挣到钱，你永远是他的"掌中宝"、"心头肉"；老公不用你挣钱，却需要你做挣钱之外的一切事情——包括生孩子养孩子哦。

5. 看老板不顺眼了，找到更好的你可以随时更换，而老公却没有这么容易换了——二婚的女人在中国不招人待见，有工作经验的员工可是到处都需要！

所以我要对女同胞们说，别急着找"好老公"，好老公的"好"是海市蜃楼，看不见，摸不着，想象大于现实，失望大于希望。而好老板的指标很简单：按时发工资，定时涨薪水，报销条款多，奖金出手大方，给你发展的空间，让你"前途"一片光明。总地来说，好老板胜过好老公。如果你还没有称心如意的老公，如果你对目前的老公有些许不满，都没有关系，转移一下注意力，多花点心思在你的"老板"身上，争取在职场里有更好的作为，一定会有更幸福的生活的。

切记切记：不要把老板变成老公，更不要爱上已经成为别人老公的老板哦！

contents 目　录

第一章　找到好老板，过上好日子

女人，天生就希望被人保护，儿时被父母当成掌上明珠，长大了就幻想自己的如意郎君驾着五彩祥云、腾云驾雾地把自己娶回家，过着丰衣足食、洗手作羹汤的安逸生活。可是在这个物价飞涨房价狂飙只有工资不涨的年代，这样的好日子从何而来呢？你的"如意郎君"可能薪水一般、职位一般，驾不上五彩祥云，买不上私家车，无法带着你腾云驾雾，更可能连个属于自己的"蜗居"都没有。你当全职太太每天煲粥看肥皂剧的美梦破灭了，你必须清醒地认识到这一点，走进职场获得一份收入，投资理财让有限的收入增值。总之，好日子不会从天而降，也不能眼巴巴地等着老公一个人为你争取，你需要让另外一个人帮你实现目标——那个人就是你的老板。

第二章 正视老板这"东西"，让他参演你的"偶像剧"

老板是谁？他是你企业的主人，也是你的上司。他的等级比你高，权力比你大，他制定企业里的相关制度，决定你职位的升降和工资的涨幅。简单说，他就是出钱购买你劳动力的人。雇佣关系是一种商品交换，你在老板的眼中就是赚钱的"机器"，你也不妨把老板看成一个"物件儿"，如果他能实现你的目的，他就是好老板，你就跟着他干；如果他妨碍了你的计划实施，不能尽一个老板应尽的义务，你就炒掉他。总之，老板就是满嘴的仁义礼智信忽悠你为他挣钱的那个人，是兜里装着大把的钱看你有没有本事掏出来的那个人，就是每天你付出八小时十小时就能每个月在固定的某一天给你一大笔钱的人，就是让你在男友离去、老公事业不如意时还能保证你吃穿不愁是不为明天发愁的人。所以，找一个好老板是每个女人必须做的事。没有老公，你仅仅是精神世界困顿；没有老板，你却有可能遭遇物质精神双重损失。

第三章　拿出小算盘，算算好老板带来的附加值

　　高薪水、高职位、光明的前途，这些都是老板可以给你的"福利"，是职场中最明显的好处。可是，老板对你职场之外的个人生活有没有影响呢？答案是肯定的。好的老板是一所好学校、一位好老师、一个好师兄，他传授给你做人做事的经验，也帮你总结教训，这些精神财富是你花钱买不到的。即使你自己不用，也可以跟你的老公分享。好的老板自然有一套成功法则，你与成功人士离得越近，越能受到熏陶，日积月累，你的思维方式也会自然而然朝着成功的方向靠拢。事实证明，职场女性比全职太太拥有更多的社会交往和人脉关系，这也使得她们的性格更加圆润，处理各种关系的时候能够游刃有余，不至于局限在狭小的圈子里哼哼唧唧、多疑小性。总地说来，一位好老板带给女人的绝对不仅仅是职场中的利益，还在生活方面有深刻的影响。

第四章　好老板需要你"管理"出来

"管理"只有老板对待下属？你 out 了，下属也是可以"管理"老板的。你除了拼命工作、谨守本分，也需要懂得一点跟老板的相处之道。在中国，只要人际关系好，做事就可以事半功倍。这个道理同样适用于职场。只要你跟上司相处得好，关系融洽，同等条件下，你就比其他人多了几分升职加薪的机会。"管理老板"其实就是协调你和老板之间的关系，让你们之间尽量减少鸿沟，保持良性互动和高效的沟通。你还在苦苦加班以量取胜吗？你还在怨怨不平诅咒那些攀高枝的人精吗？还是别费力气了，翻开这一章，学习如何让老板信赖你，如何成为老板眼中的红人，如何让老板主动给你升职加薪。

第五章　老板眼中无性别，能干的就是好员工

有句流行的话说，职场里，就是"女人当男人用，男人当

牲口用"，充分体现了"劳心者"们强大的工作量和过重的压力负担。在这样充满竞争和挑战的场所里，很容易让人模糊性别，忘掉男女分工。能干的永远是老板的左膀右臂，能力不行的就只能靠边站，很多老板在给员工升职加薪的时候会搞性别歧视，但是分配任务的时候才不管这一套。老板把咱当成"劳动力"使唤，咱自己可不能忘记女性身份，什么该做什么不该做，自己要掌握一个尺度。能做的，我们义不容辞；对自己百害无一利的，一定要巧妙地说不。拿捏好这个分寸，你就能在强手如林的男女同行中活得幸福而有尊严。

第六章 "女子"老板PK"好"老板

如果你"遭遇"过女老板，一定有满肚子苦水，她们对下属要求极为严格，她们加班狂，她们自己不谈恋爱也妒忌下属谈恋爱，她们大把年纪不结婚导致内分泌失调精神紊乱，她们即便结了婚也会抛夫弃子狠下心来拼命做事业……在很多人眼里，女老板就是"变态"的代名词，不可能是"好老板"。可是，如果你细心观察，就会发现，再严厉的女老板也会有敏感脆弱的内心，她永远无法摆脱女性特有的母性和女儿性，如果你跟她针锋相对较量，结果不是两败俱伤就是你铩羽而归；反之，如果你摸准她的脾气，用女人的心思对待女人，满足她的虚荣和尊严，就会收获意想不到的"管理老板"的效果。

第七章　踩上高跟鞋，跟上老板步伐

"高跟鞋"与"裹小脚"的本质区别就在于，前者是自愿，后者是被迫。穿着高跟鞋的女人们身姿挺拔、姿态优雅、信心满满、纵横职场，裹小脚的女人们却饱尝身心煎熬，经济上没有自主权，完全依靠丈夫生活，没有半点自尊幸福可言。所以，女人从爱上高跟鞋的那一天起，就要享受自己的自由。再也不要固步自封，把自己束缚在狭小的天地里，大胆去发挥你的聪明才智吧，跟上老板的步伐做他最得力的助手吧，毫不犹豫地为自己投资充电吧，用你的睿智、敏感、勤奋和努力创造价值，谁敢说你是个好吃懒做的"米虫"？

第八章 老板的"好"，定义在办公室里

　　老板就是那个在劳动力市场上把你"买"回来干活儿的人，你们之间有一纸契约关系，叫做雇佣与被雇佣。他给你发工资，给你机会充电，仅仅是购买劳动力的一部分投资。可能有感情的成分，但是跟一般的朋友关系还是有区别的。所以，出了办公室，你就不要对他过分迷恋。在老板出席的饭局上，最好保持办公室里的理智和机制，不要信口雌黄。遇到风度翩翩的男上司，最好不要浮想联翩，不要尝试不靠谱的办公室恋情，更不要迷恋有家室的男老板。记住，老板的好，仅仅定义在办公室里。除去工作关系，还是保持距离的好。

第九章　下一个老板会更好

　　遇到一个好老板不容易，但是如果他提供的平台已经不再适合你，或者你逐渐发现他没有你想象的那么"好"，就要鼓足勇气离开他。愚忠不是美德，这一点对于员工来说同样适用。该跳槽的时候就要跳槽，问题是为什么跳，怎么跳，何时跳，跳到哪里。如果你能够准确无误明明白白地想清楚这些，就可以做个完美的"三级跳"了。但是要记住，跟原单位要好聚好散。一个好的工作履历可以为你日后的工作加分，相反，一个劣迹斑斑的工作履历会让你永无翻身之地。跟老东家保持好关系，找到更好的新东家，大家都是赢家。女人最大的特点就是不肯改变，很容易将就着过日子，如果你能克服这个惯性，就能找到更好的老板。

第一章

找到好老板，过上好日子

　　女人，天生就希望被人保护，儿时被父母当成掌上明珠，长大了就幻想自己的如意郎君驾着五彩祥云、腾云驾雾地把自己娶回家，过着丰衣足食、洗手作羹汤的安逸生活。可是在这个物价飞涨房价狂飘只有工资不涨的年代，这样的好日子从何而来呢？你的"如意郎君"可能薪水一般、职位一般，驾不上五彩祥云，买不上私家车，无法带着你腾云驾雾，更可能连个属于自己的"蜗居"都没有。你当全职太太每天煲粥看肥皂剧的美梦破灭了，你必须清醒地认识到这一点，走进职场获得一份收入，投资理财让有限的收入增值。总之，好日子不会从天而降，也不能眼巴巴地等着老公一个人为你争取，你需要让另外一个人帮你实现目标——那个人就是你的老板。

1. 萝莉 out 了，御姐才是主宰

> 当你到了一个年龄你就要成熟起来。成熟的标志就是要认识到人生就是如此。努力地排除一些困难去争取所要的东西，这样就不会产生一些不切实际的幻想。有时候犯错误是因为一方面缺乏幻想，另一方面幻想太多。
>
> ——MTV 音乐电视频道中国区总裁李亦非

小的时候，我们都是幻想大过现实、渴望别人保护的"萝莉"。我们年轻，迷信感情，满怀童真和期待。我们相信真命天子能够驾着五彩祥云、腾云驾雾地把自己娶回家，过着丰衣足食的安逸生活。可是真正能够实现愿望的又有几个呢？

天真幼稚仅仅是女人成长过程中的一个阶段，到了一定的年纪，你就得成熟起来，用成人的理智来分析自己面对的生活，放弃那些不切实际的幻想。很多原定的"目标"并不是目标，而是永远无法企及的海市蜃楼。如果你永远守着不劳而获的美梦，不愿意向现实生活让步，那就只能眼睁睁地看着年华老去，留下满心的遗憾。

2009 年是"扎堆结婚"的一年，我的好几位闺密都高高兴兴地把自己嫁了出去。小河在新婚前一天的"告别单身派对"上郑重地跟几个未婚姐妹说："宝贝们，别再幻想嫁个'好老公'了，还是退而求其次，找个'好男人'，然后夫妻俩一起经营生活吧。现在这世道，物价飞涨房价狂飙，只有工资不涨。生活压力那么大，天上掉下多金又顾家的好老公的可能性越来越小了。"

　　这种话我听过很多，不过从小河的嘴里说出来，我还是感触颇多。在众多女友里，小河是公认的"萝莉"。她家境不错，外表娇小可人，总是嚷嚷着要做个小女人，将来嫁个好老公，自己在家做全职太太。我们都觉得，她是注定要当个小家碧玉，找个多金男做老公的。但是，造化弄人，她偏偏一头扎进"凤凰男"的情网里无可自拔。小河的男友是从大山里走出来的农家汉子，人很踏实，本本分分，为人很厚道，肯负责任，但是家里没钱，自己的积蓄也不多，想在上海这样的大城市娶媳妇扎根非常不容易。选择了他，就等于选择了"贫困"的生活，他们必须一起努力，一起奋斗，才能在上海这样的大城市里拥有一套自己的小房子、养一个健康快乐的宝宝。小河从小就向往的"全职太太"的生活根本不可能实现。

　　权衡再三，小河决定告别"萝莉"，成为"御姐"。她需要这份稳定的感情，她愿意为这份"欲望"付出更多。于是，她开始用理智的眼光分析自己面临的形势。贫贱夫妻百事哀，她和男朋友面临的最大问题就是钱。他们也不愿意成为世人所不齿的"啃老族"，那就需要两个人"开源"，多挣钱。小河男友在一家事业单位工作，虽然稳定，但是"钱途"有限，为了多挣一点钱，他只好抓紧一切零散时间兼职做一点私活。小河原本在一家民营企业做行政工作，很清闲，但是薪水不高。决定跟男友结婚之后，小河辞掉了这份"养老"一样的工作，削尖了脑袋跳进一家外企，收入高出一大截，而且还有逐年加薪的机会。

　　有了跟未来老公共渡难关的信念，小河的心态也发生了巨大转变。以前，她总是小鸟依人，什么事情都等着男友来帮忙。变成"御姐"之后，她要求自己成熟起来，更坚强，更独立，摆出一副"半边天"的架势。起初，男友觉得是自己没用，不能让小河过上养尊处优的日子。小河淡定地说："我们彼此信任，相依相伴，这是用

3

多少钱都买不来的！"

外企的竞争压力和办公室政治丝毫不亚于国内的企业。小河进了外企之后，发现自己要学的东西实在太多，专业方面有待进一步提高，英语水平需要再上一个台阶，人事关系和处世技巧上也要改善。她努力地学着，查缺补漏，见缝插针，哪里不懂就问，不会的就学，很快从一个不谙世事的"小萝莉"成长为一个理性智慧又从容不迫的"御姐"。她曲线玲珑，风姿绰约，从骨子里散发出来的那股倾倒众人的媚态，能让女人都醉三分。难怪她会在婚礼上对在座的女伴们大声呼吁："姐妹们，萝莉 OUT 了，御姐才是主宰！"

的确，御姐不再有青春时期的轻狂，取而代之的是成熟的内心、得体的谈吐；御姐既感性也理性，清楚自己内心的需求，明白人生的正确方向；御姐爱购物，但是绝不"月光"，不"败家"，拥有积蓄，会理财，能旺夫；遇到问题，御姐能做到淡定自若，坚定方向，不盲从，不跟风，只听从自己的内心；朋友家人在一起，御姐细致而周到，会顾及他人的想法……如果说萝莉是可以激发人的保护欲的话，御姐能给人可靠的感觉。前者容易引发男人的爱怜，产生一种冲动的情愫；后者却凭借睿智和平和赢得男性的好感，更容易达成和谐长久的关系。御姐这类女人，才能够在这个浮躁的社会生存下来，成为内心温暖，同时也温暖别人的美丽女人。这样的女人，才是所有男人梦寐以求的娇妻。

♥闺房私语 ·····················○

女人的青春不过是短短的十几年，如果用它做赌注，唯一的结果就是用明日黄花的哀凉作为对往日的思念。不如趁早醒悟，让自立代替依赖，让世故代替天真，这样可以少走冤枉路，尽早得到丰衣足食的幸福。

2. 女人的钱主要来自老公和老板

辛辛苦苦，过舒服日子；舒舒服服，过辛苦日子。
——资深传媒人士，阳光媒体投资集团创始人杨澜

　　女人应该看重钱，但是女人的钱从哪里来呢？大致归纳一下，有这么几个途径：父母资助、自己工资、老公工资、投资所得、儿女回报。

　　其中，父母资助的部分，到我们走上工作岗位那天起，就应该停止了。原因很简单，你已经是个有劳动能力、能够自己挣工资的成年人了。当然了，中国的父母是世界上最伟大的父母，在他们心目中，孩子永远是孩子，只要他们一天在世，就想为孩子做点什么。从这一点上看，父母永远是我们的"经济来源"。但是从良心上讲，"啃老族"无时无刻不在受到内心的谴责。特别是在房价高得让人咋舌的今天，很多年轻人刚刚走出校园，还没挣钱，先跟父母要出他们的"棺材本"给自己买舒适的房子，这是万万不应该的。所以，我认为，新时代的美女们，如果你不是家财万贯的公主，如果你没有一个希尔顿或者比尔·盖茨那样的爸爸，最好不要一直索取啊索取，该向家里奉献了.

　　至于儿女回报那一部分，至少要等他们走向社会吧。假设你二十五岁有了宝宝，等到他大学毕业开始上班拿工资，你差不多也就

退休了，"花钱"的日子也过去了，所以也不要指望太多。

现在，女人的所有收入就剩下三项：自己的工资、老公的工资、投资获利。

老话说，"男人是搂钱的耙子，女人是装钱的匣子"。意思是说，男人在外面打拼挣钱，女人在家相夫教子，精打细算地花老公挣来的钱。可是现在的社会，似乎已经没有了这样的完美分工（以前的男人真的那么无私奉献吗？我持怀疑态度），取而代之的是各种各样的"财权分配"方式。有的家庭实施 AA 制，也就是说各花各的，柴米油盐吃喝拉撒两个人都是自己掏腰包；有的家庭在传统的基础上有所创新，即老公给妻子一定的家用，其他收入自己保留；有的家庭实施 ABA 制，"B"指夫妻建立共同家庭账户用于家庭支出，如：医疗费用、孩子教育、家庭每日开支等，剩余的钱则 AA，自行支配；当然，还有一少部分好好先生遵守"祖训"，把自己的钱乖乖交给妻子（此类人必定私藏小金库，否则绝对是稀有物种，遇到的姐妹务必加以珍惜）。

说这些无非要说明一个情况：**老公的钱袋子在某种程度上并不就是我们的。这个事实说出来有点残酷，好像伤害了感情。可是事实就是这样，某位大明星不就是因为无法接受"财产公证"的要求而解除婚约的吗？**不过也能理解，老公们挣钱不容易，花花世界上诱惑那么多，就算他不出去花天酒地，也少不了被一些奢侈的爱好吸引，单反相机啦，新款手机啦，新鲜出炉的某种竞技运动啦，甚至新电脑、新汽车……还有一些老公们非常擅长投资理财，他们懂得买股票基金挣钱，他们喜欢那种掌控金钱驾驭财富的成就感，钱在他们手里能够"生钱"，在老婆手里只能吃银行的利息。总之，男人不上缴工资的理由很多，我们女人的"收入"来源又少了一项。我们可以坐享其成享受老公买的大房子、高档车，但是他们的钱永远存在他们的账户里。

这样做最大的好处就是，"要不要藏私房钱"这个纠结了千百年的难题终于不再是难题。你想啊，都 AA 制了，你的就是你的，还用"藏"么？你要光明正大地攒钱，那些钱都是"私房"的，你只要有本事，想怎么攒就怎么攒，爱怎么挣就怎么挣，挣来的钱可都是给自己买花戴的哟！

所以，一切有志成为"财女"的姐妹们，赶紧行动起来团结一致向"钱"看吧。发挥自己的所长，找一份有前途的工作，找一个靠谱的老板。这样不但可以让自己的聪明才智有用武之地，还可以大把捞金。进入职场的最初几年可能并不能为你带来丰厚的收益，但是你可以在这个阶段中学到很多东西，可以懂得如何跟上司相处，可以积攒自己的人脉关系网，并且掌握很多书本上学不到的专业技能。这种价值是无法用金钱衡量的，想买也未必能买到，老公更无法给你。

在老板那里得到的薪水只是你存折账户上的一部分，待到有了若干积蓄之后，你就要学习用钱"生"钱，或者涉足股票、基金，或者买一些名表、钻石、黄金等可以保值、升值的东西，或者自己经营一家实体店、网店，总之，只要你肯动脑筋，肯花心思，不拿老公的钱照样可以让财源滚滚而来。到时候，说不定你比老公活得更滋润，更潇洒，何乐而不为？美女主持人杨澜说了："辛辛苦苦，过舒服日子；舒舒服服，过辛苦日子。"这话绝对在理儿。刚刚给老板打工的几年你可能觉得很累很委屈很辛苦，但是只要你掌握职场生存的种种技巧，辅之以各种投资手段和理财方式，你的收入就可以翻着跟头往上涨啦，到时候，说不定老公也要敬你三分呢！

❤**闺房私语** ━━━━━━━━━━━━━━━━━━━━━━━○

　　不论时代如何变迁，一个女人要想从一个男人身上索取幸福和财富都不是一件容易的事情。因此，女人比男人更需要工作——一份属于自己的工作。只有为自己而工作的女人才是真正爱自己的女人，也只有懂得爱自己的女人，才会懂得如何去爱别人，并且也才值得被别人爱，因为她们懂得财富的来之不易，于是才更加珍惜从别处获得的财富和幸福。

3. 我们不是唯利是图的女人，可是"利"真的很重要

> 女人有两种，假正经与假不正经，假正经女人招人烦，假不正经女人招人爱。
>
> ——中国互动媒体集团 CEO 洪晃

　　看到洪晃这句话的时候，我的眼前一下子浮现出闺密钱颖的影子。钱颖就是那种张嘴闭嘴"没正行"、眼珠子骨碌碌乱转、三句话不埋汰人就难受的家伙，而且最"忌讳"别人跟她谈钱。如果你很严肃地要跟她商量一件事，走到她跟前说："颖子，我有个事儿要跟你商量。"她立马跟过电似的瞪着俩大眼珠子说："别跟我借钱，姐们儿我最近手头紧呐！"为此，我们常常调侃她，应该改名叫"钱眼儿"。

　　其实，钱颖就是那种"假不正经"的女人典型。她看重钱，并且非常会理财。她大学毕业刚刚参加工作的时候，月工资 1500 块，而且没有正式编制。五年之后，她的月工资翻了十倍不止，还不算

股票基金等红利。她在北京房价刚刚呈现上涨趋势的时候果断出手买房，现在她跟老公在北京已经拥有三处房产，据说，身价要上千万了，"钱眼儿"变成了见钱眼开的"钱箱子"。

但是，钱箱子绝对不是铁公鸡一毛不拔，她也会开口往外"吐钱"。她和老公的父母都不在北京，老人岁数大了不想离开故土，他们夫妻俩就在两家老人所在的小县城买了新房子。钱颖的弟弟读自费的研究生，她帮忙出了学费，并且帮弟弟找了一份兼职挣零花钱，用她的话说："学费算是我送给你的入学礼物，但是你已经是成年人了，不能再往家里要一分钱。"如果亲戚朋友急需用钱跟她借，她绝对不会装穷不出手，但是她有两个基本原则：好借好还；救急不救穷。

钱颖这样解释自己的金钱观："这几年我过得很辛苦，就是为了挣钱，钱不怕多，越多越好。**这个世界上谁跟钱有仇呢？衣食住行哪一样不要钱？父母把我养活着么大，我得回报吧？孩子只能生一个，我得努力给他创造好的物质条件吧？咱不是唯利是图的人，但是钱真的很重要。我不会为了钱做没良心、坑人害人的事情，但是如果有赚钱的机会，我绝对不放手。**"

你可以说钱颖很世故，很现实，很野心勃勃，但是不得不承认，她活得脚踏实地，真正是凭智慧和胆识得到她想要的生活。相比较起来，有很多"假正经"的女人就让我们敬而远之了，她们口口声声说自己不爱钱，但是"穷小子"追求她，她是看都不看一眼的；她们喊着"平平淡淡从从容容才是真"，但是头上戴的身上穿的脚下踩的，无不带有名牌的标签；她们耻于谈钱故作清高，真正的原因可能是荷包里真的没什么钱。很多"月光族"跟"假正经"的情况差不多，过着"今朝有酒今朝醉"的生活，快活一天算一天，不知道明天怎么办。这样的女孩子，如果是二十岁，貌似可以再挥霍几年，同时幻想嫁给一个多金男；如果到了三十岁，依旧没有存款，也没有找到多金男当老公，岂不是要成为小辈们耻笑的"欧巴桑"？

所以我觉得，身为女人，像钱颖那样"钻钱眼儿"不是错，到了一定的年纪还摆出"视金钱如粪土"的架势才是不明智的选择。钱是一个好东西，能够让我们吃得开心、穿得赏心、住得舒心、玩得开心。有了钱才能供养我们的父母、帮助我们的朋友姐妹，有了钱才能让我们过得更幸福、更有尊严。如果可以选择，没有任何人愿意放弃宽敞明亮的大房子而选择阴暗潮湿的小简易房吧？所以，我们不做唯利是图的人，不把钱当成生命的第一要义，但是一定要爱钱，要尊重钱，要看重钱，要客观地认清钱这个东西在社会上的价值。

💗**闺房私语**━━━━━━━━━━━━━━━━━━━━━━━━━━━○

　　不管你现在每个月有多少钱进账，都要把它们分成这样几个部分：房租（房贷）、饭费、水电费、交通通讯费、智力投资（包括杂志、报纸、书籍、进修课程等等）、定期存款和父母养老金。这几部分的比例要如何分配，你可以参考相关的理财书籍。记住，不管你的月收入是多少，一定要学习管理它们。不理"小财"，就没有"大财"，女人没有靠"仗义疏财"致富的，切记切记。

4. "木兰从军"是历史，"狐狸画皮"只是传说

> 我必须是你近旁的一株木棉，作为树的形象和你站在一起……我们分担寒潮、风雷、霹雳；我们共享雾霭、流岚、虹霓……
>
> ——诗人舒婷

　　有人说，男人最大的梦想就是妻妾成群，而女人最大的梦想就

是不劳而获。起初听到这话的时候我觉着那么刺耳，后来在职场摸爬滚打了几年之后禁不住感慨：倘若真能不劳而获，实在是幸事一桩！

记住，我说的是"倘若"。这世上没有白吃的午餐，更没有"白痴"的午餐。如果你什么都不想干，什么都不会干，对社会和家庭没有一点儿奉献，哪个鬼迷心窍的钻石王老五愿意养活你呢？就算那小子被你迷了心智，相信我，你的准公婆也会对你冷眼相待的。一心一意等人养活的女人，大概只有自己不找老板、专门盗窃别人老公的"小三"。

随着大片《画皮》的热播，"小三"这个敏感话题成了热门讨论的焦点，电视剧《蜗居》又把这个社会角色推向了风口浪尖。有着狐狸媚术的小三们只要秋波暗送，或者西施捧心，或者黛玉葬花，就能把那些功成名就的"老公"们迷得神魂颠倒，背着自己的太太出去偷腥。不过有一个关键的问题是，偷腥的男人固然多，但是他们都"背着太太"，并不会为了小三挥剑斩情丝，抛家舍业跟着小三过日子去。他愿意掏钱给小三买衣服、买首饰，甚至供车供房子，但是绝对不会做出任何许诺。在这些人看来，情人不过是生活的调剂品，如同电视、电脑、KTV一样，可以让休闲时光变得更有趣，可以在压力繁重、生活烦闷的时候有个消遣，但是绝对不会因为她的存在而乱了自己的方寸。**打个比方说，妻子是商品房，小三就是假日酒店，有谁会永远住在假日酒店而不要自己的商品房了呢？妻子还是五谷杂粮，小三不过就是甜点，甜点人人爱吃，却没见谁以甜点为正餐，丢开米饭馒头的。**

说这么多，只是想说明一个问题，"小三"这种不劳而获的职业只是个"传说"，职业生涯很短暂，而且没有"五险一金"，饭碗丢了，任何赔偿你都拿不着。

相对于《画皮》引发的谴责声来说，《花木兰》倒是赢得了一片对于职场女性的赞誉。花木兰这个人物，在历史上没有确切记载，究竟一个女孩子是怎样在男人军队里征战若干年的，谁也不知道。但是历史上真就有这么一个奇女子，凭借自己聪慧过人的头脑、临危不乱的胆识和超群的武艺，书写了"职场女性"的一个神话，千百年传唱不衰。

聪明的女人懂得权衡利弊，不会指望天上掉馅饼又正好砸到自己头上的美事发生，因为概率太低，赔率却很大。也许每个年轻的女孩子都在期待白马王子的奇迹出现，从此过上一劳永逸、衣食无忧的幸福少奶奶生活。但是，想归想，真正做的时候还是得掂量着来，因为童话式的结尾永远是静止的，而你的生活却依然要进行。想要永远幸福下去，男女之间的差距就不能太大，女人也只有经济独立了才能真正缩短和男人之间的距离，就像舒婷《致橡树》中所写的那样："我必须是你近旁的一株木棉，作为树的形象和你站在一起……我们分担寒潮、风雷、霹雳；我们共享雾霭、流岚、虹霓……"

聪慧如舒婷者懂得人格的独立性才是保证爱情长久的不二之选，你若想获得幸福又怎么可以不劳而获、坐享其成呢？还是振奋精神，努力赚钱，为自己买单吧。当你看到有一个女子，手上拿着最新一季的 Prada 手包，而脸上毫无愧色地说："漂亮吗？我自己买的！"你是不是也觉得她活得挺帅的呢？

❤ **闺房私语** ⋯⋯⋯⋯⋯⋯⋯⋯⋯⋯⋯⋯⋯⋯⋯⋯⋯○

花木兰有职业，而"狐狸精"吃的仅仅是青春饭，前者靠自己的努力加官进爵，后者只能含恨离开。

5. 一份你不想离开的工作是最稳妥的经济来源

> 经济的独立是个人幸福的象征。
>
> ——时尚女王可可·夏奈尔

爹妈用白米饭把咱养活大，又供咱上学、Shopping，都毕业了，怎么还好意思说不找工作，一心等着有钱人来娶咱？就算有钱人真拿八抬大轿来娶咱了，我们还是吃人家嘴短拿人家手软，自己口袋里没钱不踏实啊。所以，最稳妥的办法，还是找个工作先养活自己！现在不是万恶的旧社会了，妇女一定要大门不出二门不迈。**当今的社会什么都不缺，就缺有本事有智慧的人才。如果你受了那么多年教育又学了一身本事，不出来做事岂不是浪费了？**

如今经济不景气、社会竞争激烈是没错，可是越是不景气，美女们自然就越是要争气。面对激烈的就业竞争，我们应该树立的是"有工作是幸福"的志向。我们都喜欢夏奈尔的香水、包包和套装，但是夏奈尔当年是怎么看待工作这回事的？面对无数豪门权贵追求者，她骄傲地说："经济的独立才是个人幸福的象征。"所以，还等什么呢？如果今天报纸上中国大陆女富豪排名榜上没有你的名字，那么不如去上班吧！

所谓"经济基础决定上层建筑"，作为一个有劳动能力的成年人，如果你没有丰厚的家底可供自己挥霍，也没有死皮赖脸地抱定"啃老"的念头，又想让自己的日子过得丰富且人格独立，那么就赶紧找个靠谱的老板给你发工资吧。

　　不错，80年之后出生的孩子多是独生子女，所以免不了娇生惯养，受不得奔波之苦，受不得老板的白眼，也受不得办公室政治的勾心斗角。可是除了这些时代留下的通病，我们有更多的扭转乾坤的能量和决心。我们之所以独特完全是来源于自身的独立，不是吗？研究生毕业的若若正是抱着这样的信念投入到工作中去的。

　　大学毕业之前，若若的确是因为好工作不好找而选择考研的，可是读研的第一年她就明白自己不应该这样逃避下去。虽然家里不缺自己的一份米下锅，但是忧患意识不能不增强。所以，但凡有工作的机会若若就不会轻易放过。从研一开始，若若就开始做各种与自己专业相关的兼职。读文学批评的若若起初做家教，后来开始做写手，帮出版社做了不少稿子。这让她的荷包开始变得鼓鼓囊囊的，不仅吃穿不再向家里伸手，连学费都不用爸妈费心了。

　　美女若若读完研究生后，放弃了考博，积极投入到找工作的大军中去。虽然，现在研究生的工作也不好找，同学们的眼光也都比较高，都想着要找个收入高、工作少、假期多，又能解决户口的事业单位。可是无奈僧多粥少，大家挤破头也进不去一两个。在这一点上，若若看得很开，她觉得那些外在条件都是无足轻重的，自己也老大不小了，不能再靠父母支援，找个工作能养活自己才是最关键的。凭借自己几年来在出版界积累的经验和人气，若若很快在出版社找到一份收入还算不错的工作。现在的若若对工作驾轻就熟，做得非常开心。在其他同门还在为工作和考博奔忙的时候，若若已经有了一大笔治装费，还潇潇洒洒地为自己更换了笔记本电脑和数码相机，俨然一副小资派头！

　　若若说："女人工作，为了自己！不是为任何人！"

　　的确，工作是女人的一种生活方式，除了可以拿一份薪水，满足自己日常在"臭美"方面的开支，缓解家庭经济压力，和男朋友吵架以后还有地方住有钱花。不管是哪个时代的女人想要从另一个人身上索取幸福和财富都是一件很难的事儿，女人的觉悟就是：不如自己去创造财富。生活会在美女们觉悟的那一刻忽然风情起来：爱自己，并工作着，享受财富的快乐。只有爱自己的女人才是真正值得爱的，只有赚钱的女人才会珍惜从别处获得财富的快乐。工作让很多问题在不知不觉中被解决，于是两情释然。工作之于女人，在这么一个不长不短的进化过程中，成了如此不可或缺的东西。

　　一个女人要获得社会的尊重与认可，就一定得学会独立。独立是一个成长的过程，当美女们不再倚赖他人，可以忍受寂寞、追求自我时，独立和成熟也就离美女们越来越近了。

❤ 闺房私语 ⋯⋯⋯⋯⋯⋯⋯⋯⋯⋯⋯⋯⋯⋯⋯⋯⋯⋯○

　　大千世界、浩瀚宇宙，你所拥有的只是自己，你唯一能抓牢的也只是自己。越是美丽的女人越是要学会独立，唯有独立才能坚强，才能在这个强大的社会中自由地生存。生存是一件美好的事，所以我们必须将自己保管好。记住：好好爱自己，让自己强大起来，你才可以更有魅力。

6. 不管你是金粉白蓝灰黑绿，都能各"领"风骚

> 假如你遵守了所有的规则，就失去了所有乐趣。
> ——女星凯瑟琳·赫本

　　据粗略统计，在中国，谋生的方法共有两万多种以上。想想看，

两万多！但是你可能想象不到，在一所学校内，三分之二的男生选择了五种职业——两万种职业中的五项——而五分之四的女孩子也是一样。难怪少数的事业和职业会人满为患，难怪白领阶级之间会产生不安全感、忧虑和"焦急性的精神病"。特别注意，如果你要进入法律、新闻、广播、电影以及公务员这些已经过分人满为患的圈子内，你必须要费一番大功夫。

其实，在开放化多元化的今天，为自己找一份工作是很简单的事，问题在于你必须敢于解放自己的思路，用更开阔的眼界打量职场这个圈子。

适合女人的职场角色有很多，金领、白领、灰领、黑领、粉领、蓝领、绿领，都有各自的特点，选择适合自己的，从中获益。

我们来简单看看上面说的这些"领子"都有什么特点。

白领一般是指一切受雇于人而领取薪水的非体力劳动者。他们一般工作条件比较整洁，穿着整齐，衣领洁白，包括技术人员、管理人员、办事员、推销员、打字员、速记员、文书、会计、店员及教师、医生、律师、普通职员等。这些人的经济收入和工作条件较好。尽管如此，由于不掌握生产资料，他们仍处于受雇佣地位。在发达资本主义国家，白领总数超过蓝领，约占工人总数的 60% ~ 70%。白领阶层福利好、收入高、职位稳定，是令人羡慕的职业。换句话说，只要你"十指不沾泥"，是在"办公室"里上班，不用风吹日晒雨淋，你就是个小白领啦。

蓝领通常被称为白领的相对一族，指的是一切以体力劳动为主的工资收入者，如一般工矿工人、农业工人、建筑工人、码头工人、仓库管理员等，有时也包括餐饮服务行业的员工。蓝领们靠技术吃饭，他们不是在办公桌前从事文书工作，而是工作在第一线参与实际动手工作。但是，不要误以为"蓝领"就是低薪的代称，相反，当你的技术达到一定水准，得到某种认可的时候，薪水很可能是白领不能比的。这时，你就跨入了一个新的阶层——灰领。

相比白领和蓝领，"灰领"职业人既要有良好的理论素养，又要有动手实践的能力，是复合型、实用型人才，比如电子工程师、软件开发工程师、装饰设计工程师、绘图工程师、喷涂电镀工程师等。一般来说，女孩子不爱从事这方面的工作，嫌脏嫌累，而且受到思维方式的影响，可能从事软件方面工作的话会跟不上男生。但是，如果你有这方面的专长，或者很喜欢这个领域，朝着"灰领"迈进也未尝不可，要知道，资深灰领的收入也是以"年薪"计算的哦。

"金领"这个称呼是社会对这些人的知识结构、公关能力、团队协调能力、管理经营能力、社会关系资源等综合素质的认可。一般认为，金领不仅是顶尖的技术高手，而且拥有决定白领命运的经营权。多数金领都是从海外镀金而归，具有良好的教育背景，在某一行业有所建树。不过，想达到这个层次可不是一蹴而就的，至少要当几年白领，30岁之前很难达到。

银领是既要能动脑，又要能动手，具有较高知识层次、较强创新能力、熟练掌握高技能的高级技术人才，是知识与技能都要具备的复合型、实践型人才。他们既不是白领，也不是蓝领，属于应用型白领。他们有着独立的智能结构和职业特征，从事一些时髦的工作，工作对于他们是一种可以享受的状态。他没有金领称雄一方的财富与权力，但是他们向往自由、独立、时尚的生活信念，享受更轻松、更自由、更新鲜的过程。如果你的管理能力和公关能力不足，很难达到"金领"的境界，朝着银领迈进倒是不错的选择。

黑领是对就职于我国政府部门或国有垄断企业，且具有较高经济和政治地位的人的称谓。他们在经济上的特点是能够分享来自于公职权力或者垄断企业的垄断力量的经济利益。想成为黑领一族，要么考公务员，要么进大国企，你需要有能力、有运气，最好是有一定的人脉关系。

最后，我们来说说越来越多的女性向往的"粉领"。近年来，在北京、上海、广州等大城市，粉领已成了追求自我心理满足和自由创业女性的心仪职业，而现代科技也为催生孵育粉领创造了条件。粉领多出自"食脑"阶层，大多从事自由撰稿、广告设计、网页设计、工艺品设计、产品营销、进出口贸易、媒体、管理、咨询服务等工作。粉领们多是 SOHO 达人，不用早起，不需像白领那般朝九晚五；不用像白领那样着套装、化淡妆，可以穿着睡袍或内衣在房间里穿行，甚至可以脸上敷着面膜上网搜寻信息，收发邮件。这样看来，貌似粉领是最理想的工作状态，不用看老板的臭脸，不用跟同事玩办公室政治，其实不然——自由工作者也是要拿工资的嘛，你给谁干活，谁就是你的老板，如果你没有左右逢源追债讨薪的本事，就别干这个，搞不好人家拖欠你稿费、设计费、项目奖金，你要断粮的！

总之，这是一个最坏的时代，也是一个最好的时代，因为你的选择实在是多而又多，关键是你要有想法，有本事，能吃苦。具备了这三个要素，不管你脖子上是金领、银领、白领，还是蓝领、灰领、粉领，你都能大显身手，有个好"薪"情！

❤闺房私语 ⸺⸺⸺⸺⸺⸺⸺⸺⸺⸺⸺○

克服"你只适合一项职业"的错误观念。人生是一个多项选择的过程，在各种选择中找到适合自己的答案，是非常有必要的。不要只因为你家人希望你那么做，就勉强自己从事某一行业，除非你喜欢。不过，你可要仔细考虑父母所给你的劝告。

他们的年纪可能比你大一倍。他们已获得那种唯有从众多经验及过去岁月才能得到的智慧。但是，到了最后分析时，你自己必须作最后决定。将来工作时，会快乐或悲哀的是你自己。

7. 别去争做女强人，提高生活质量就行啦

> 女人想命好，就要不为难自己。现在的女人，已经有足够能力去过自己想要的好生活，有的条件甚至比男人还好。但是，就算什么都做得来，也不要什么都抓，把自己逼到极限，那不叫满足，而是身不由己。
>
> ——艺人李倩蓉

由于从小受到"四有新人"的教育，我们无不立下远大志向，恨不得满满一教室的人长大之后都成为科学家、教授、体育冠军。二十年前还没有外企，也不会明目张胆地拜金，所以我们都有一副"不食人间烟火"的架势。

只是后来随着年纪渐大，我们开始明白一个道理：女孩子在这个社会上打拼那是相当相当不容易的，你要付出比男人更多的努力，还要流泪，要禁受别人的指指点点，甚至会背上"野心"、"狠心"等种种骂名。如果你的家庭没有任何关系和背景，想做出一番成就更是难上加难，一不留神来个"潜规则"，你就彻底歇菜了。所以，更多女孩子明白过来：我们没有必要活得那么累，不一定要成名成家，只要能够自食其力，拥有自己的事业和家庭，把平凡的事情做

好，就会很幸福、很快乐。我们没有必要做"大事业"，我们只要通过自身努力让生活质量提高，让我们的家人过得更好一点就行了。

然而，还是有许多姐妹相信：只要努力拼搏，就能得到高薪的职位，过上幸福的生活。她们不惜牺牲一切把自己塑造成"女强人"，她们会很有气魄地写下"只要自己坦坦荡荡，就可以实现任何理想"的留言，后面往往都跟着无数赞同的回复。甚至还有一些人依旧抱着"回馈社会"的想法，一心一意要把自己献给社会，向特雷萨修女那样一辈子做"有意义"的事，完全不考虑个人的生活质量。

不是说女孩子有这种雄心壮志不好，而是你完全没有必要活得那么沉重。想想看，你每天有二十四小时，除去吃饭睡觉，就算把所有时间都用在学习知识上面，开足马力拼命充实自己，你能提高多大的工作效率或者得到多大的发展空间呢？**如果你不懂得如何经营人际关系，没有跟周围的人交流的机会，你一个人闷头做事，又能造成多大的社会影响呢？从小方面看，你事倍功半，累死不讨好；从大方面看，你眼高手低，连自己都照顾不好，更照顾不了别人。久而久之，你就会成为一个"不懂生活"的女人。**

记住，工作不过是人生的一部分，同时也是学习生活方式的学校而已。在没有工作的晚上或周末，就应该研究最愉快的娱乐方式。这样才能把生活和工作分开，带着一份好心情投入下一轮的工作当中去。同时，随着你的工作表现越来越好，你的职位会越来越高，到时候你那些"大理想"、"大抱负"会水到渠成地实现。

我的两个好朋友米兰和安茜就是截然不同的两个人，前者是机器人一般的工作狂，后者则是八小时之外不谈工作的"闲散人"。虽然我们是好姐妹，可是她俩见面就会互相抨击，谁也不服谁。

米兰总是数落安茜："你每天到底在想些什么？你的脑袋就像个空壳！女人要自强自立，要靠自己的本事吃饭你知道吗？"

安茜反唇相讥："我自己有工作呀，我没有啃老，也没让老公养着！"

米兰继续批判："可是你这样优哉游哉，一点儿忧患意识都没有，就不怕时代淘汰你吗？你怎么就不知道为自己充充电、加加班？小时候那些出人头地的理想都没有了吗？"

安茜反驳道："米兰，你已经做到管理层了，每天还像机器人一样忙得团团转，说明你没有合理安排工作。你每天除了吃饭睡觉就是在工作，不谈恋爱、不逛街，连我们的聚会都经常不参加，你这样生活很快乐吗？"

米兰一时不知道怎样反驳，只好找我评理。

其实，我觉得这完全是个人选择的结果，不存在谁对谁错的问题。但是，从"快乐"的层面来说，工作狂米兰是不快乐的，因为她完全像一个陀螺一样被压力驱使着前进，而不是自己主动去干工作。如果她是那种"不工作就不舒服"的人也就罢了，可她并不是，她的心里总有一个过高的目标，她总对自己说：再挣十万块我就休息、当上部门经理我就找男朋友、业绩突破一千万我就给自己放假。可是，当这些目标真的实现之后，她又会对自己提出新的要求，她完全处于一种强迫症似的焦虑之中，只是自己没有意识到而已。

没错，社会竞争是激烈的，职场如逆水行舟不进则退也是客观的。但是，如果没有"生活"，只有"工作"，那人活着还有什么意思呢？"大事业"是一个很抽象的目标，"高质量的生活"却是实实在在的，我们为什么舍近求远，跟自己较真呢？俏江南集团董事会主席张蓝说："人生就像旅途，虽然也有目的地，但是重要的是欣赏沿途的美景。这场旅途，最好不要坐火箭，虽然可以到达高处，可是那太快了。"

💗 **闺房私语**⋯⋯⋯⋯⋯⋯⋯⋯⋯⋯⋯⋯⋯⋯⋯⋯⋯⋯⋯⋯⋯⋯○

如果你天生就很强，我无可厚非；如果你是在逞强，那就是自讨苦吃了。我们努力工作是为了让自己和家人过得更美好，如果你累垮了，或者因为忙于工作而失去了生活的乐趣，那真的是得不偿失。不在玩得动的时候玩，老了会很后悔的！

8. 不要让老一辈的经验影响自己的生活

> 雄心、勇气和荣誉都是伟大的价值观。现在，'雄心勃勃'似乎变成了贬义词，我不同意。我认为有目标就会有能量。
>
> ——女星安娜·莫格拉莉丝

看到过一些小城镇出生的女孩子，高中毕业甚至初中毕业就在自己所在的小县城托关系找个工作，每月拿几百块的工资，然后找个"差不多"的人家嫁过去，重复着跟母亲那一代人差不多的生活。她们偶尔会抱怨，对象却是自己的父母，怪他们无能，不能帮自己找更好的工作，不能帮自己挑更有钱的老公。她们还责怪父母没远见，没让她们考大学然后去大城市"发财"。总之，她们拮据的生活就是父母造成的。

在我看来，这些女孩子的埋怨有一半是合理的。史蒂夫·毕德甫在一本书里写过这样一句话："不幸的父母会在子女的头脑里，不断地记录自己的不幸。"也就是说，父母总是把自己的生活经验传授给子女，让他们按照自己的方式生活。遇到苦难，他们就说："活着就是受罪呀。"没有机会发财，他们就说："咱就没有那种命。"久而久之，孩子就被灌输了一种"甘愿受苦"的思想，然后自然而然照着父母的话去做，重复过着贫困拮据的生活。

但是，反过来想，这些孩子为什么完全不愿意抗争呢？真的有很多女孩通过自己不懈的抗争和努力，走出贫困狭小的村镇，到大城市里打拼，然后过上了与父母完全不同的生活，她们的努力并非漫无目的，而是早就明白了命运和人生选择并无必然的关联，因而选择了与父母完全不同的道路。

想过上与父母截然不同的生活吗？那么在尊敬爱戴他们的同时，要冷静地评价他们的心理倾向和选择模式，分析原因。很多人把父母的穷困和不幸归结为"人太好"、"没有运气"等原因，但是，如果仔细追问父母曾经在人生岔路口作出的选择，就会发现他们生活贫穷的缘由。如果你是一个敏锐的人，应该早已看出父母不幸的原因，并且着手改变自己。但是，仍然有不少相当聪明的人并没有意识到，自己正在不知不觉中效仿着父母以往错误的选择过活。

"你相信什么，你就能成为什么。"这种看似唯心主义的言论有时候蕴含着巨大的能量。因为你的人生应该怎么过，完全是由你自己来掌控的，你心里想的是什么样子，那么你的行为就会朝着那个方面去发展，尽管有时候这种发展你并不曾发觉，但是它就是那么在默默滋长蔓延着，也因此让你的生活发生了潜移默化的改变。你之所以成为今天这个样子，想想看是不是你的潜意识在作怪？

你曾经的心理暗示越正面，你现在的境况就会越好；相反地，你曾经的心理暗示越消极，你现在的境况就越糟糕。所以，**你想要成为什么样的人、获得什么样的成绩，都取决于你是否已经在心里种下这样的种子。如果你相信自己能，你就一定能，如果相信自己不能，那就真的不能了**。信念就是如此重要，无论是对于男人还是对于女人。

随着《哈利·波特》小说和电影的风靡全球，也让人们记住了"哈利·波特之母"罗琳的名字，这位经历过婚姻失败和穷困潦倒的女人，现在却成为英国最富有的女人，她所拥有的财富甚至超过了英国女王。而她所取得的一切并不是什么奇迹，只是源于自己坚定的信念，因为她始终相信自己"能"，所以她真的就做到了。

学习英国文学的罗琳从小就喜欢写作和讲故事，而且一直不曾放弃过，她梦想着自己写的故事可以成为像格林童话那样享誉世界、传承不息的经典。在大学毕业后她只身前往葡萄牙寻求发展，在那里她认识了一位记者，并与他坠入爱河、建立家庭。

但这个家庭建立得却并不完美和牢固，她的丈夫在婚后开始暴露出自己的本来面目，殴打甚至将她赶出家门。伤心欲绝的罗琳不得不带着刚刚出生三个月的女儿回到英国，住在一间冬天连暖气都没有的小公寓里靠救济金过活。为了让女儿吃饱，她自己饿肚子是经常的事儿，穷困潦倒让这个女人看起来似乎已经没有了光明。

若是按照老一辈的传统观点，她应该尽快找个"正式"的工作，从老板那里领工资过活，或者找个可靠的老公，托付终身。然而，罗琳没有屈服于传统观念，她始终相信自己的命运并不会仅此而已，更相信自己一定可以渡过难关。生活的苦难并没有打消她写作的积极性，她每天都不停地写，甚至经常为了省电省钱跑到咖啡馆里写一整天。

"或许是为了完成多年的梦想，或许是为了排遣心中的不快，也或许是为了每晚能把自己编的故事讲给女儿听。"罗琳用这样的话解释自己的坚持，因为她坚信这一切都不是在浪费时间。正是这种信念的支撑帮她度过了人生中最苦难的时期，她推出了第一本改变自己命运的《哈利·波特》，并且被翻译成 35 种语言在全球范围发行，引起世界轰动，成为出版界的奇迹。

罗琳相信自己一定能做到，结果她果然做到了，而且做的比她想象的还要好。这个世界上其实本没有什么"奇迹"，真正的"奇迹"就是你自己。每个人都有自己的梦想，但是因为缺乏了"我能"的信念而让"梦想"分裂成"做梦"和"幻想"，当然也就没有了实现的可能。幻想自己"能"的人很多，相信自己"能"的人却少之又少，所以便有了少数人的成功和多数人的平庸。你的世界因你的想法而改变，只是你自己却把那当成了理所当然，你也就理所当然地被世界遗忘了。

❤ **闺房私语**......................○

如果你决定在职场中一展雄风，那就不要被老一辈"相夫教子"的观念束缚。父母的教诲固然要尊重，但是仅仅是参考而已。做自己想做、喜欢做并且愿意做的事情，你就是对的。

★ 高跟鞋行动

1. 忘记昨晚看的《宫》或者《my girl》，有钱阔少爷恋上贫民灰姑娘的韩剧只能用来消遣，不能用来指点人生。还是手捧一本"职场晋升秘籍"或者"股市菜鸟入门"来研究如何发财、理财吧。

2. 如果你目前正"啃老"或者"啃男友"，要尽快结束这种生活，尽快找一份赖以谋生的工作。工资多少不是重点，有没有工资才是重点。

3. 某晚在夜店喝酒跳舞认识的"多金男"打电话约你，你要拒绝。这种人不是纨绔子弟就是好吃懒做之徒，绝对不是好老公的人选。与其把感情浪费在这种人身上，还不如收收心思研究基金和股票。

4. 修改你的人生阶段性计划，擦去"三十岁之前当上外企CEO"的字眼，写上"三十岁之前买套自己的房子，自住或者出租"。前者太 man 了，后者才是女人的智慧。

5. 给爸爸妈妈打电话，告诉他们，自己能行，虽然在外面打拼有点辛苦，但是一直在进步。爸爸妈妈也许不能给你提供最好的物质条件，但是他们真的是最爱你的人，他们的爱就是你最大的财富。

第二章

正视老板这"东西"，让他参演你的"偶像剧"

老板是谁？他是你企业的主人，也是你的上司。他的等级比你高，权力比你大，他制定企业里的相关制度，决定你职位的升降和工资的涨幅。简单说，他就是出钱购买你劳动力的人。雇佣关系是一种商品交换，你在老板的眼中就是赚钱的"机器"，你也不妨把老板看成一个"物件儿"，如果他能实现你的目的，他就是好老板，你就跟着他干；如果他妨碍了你的计划实施，不能尽一个老板应尽的义务，你就炒掉他。总之，老板就是满嘴的仁义礼智信忽悠你为他挣钱的那个人，是兜里装着大把的钱看你有没有本事掏出来的那个人，就是每天你付出八小时十小时就能每个月在固定的某一天给你一大笔钱的人，就是让你在男友离去、老公事业不如意时还能保证你吃穿不愁是不为明天发愁的人。所以，找一个好老板是每个女人必须做的事。没有老公，你仅仅是精神世界困顿；没有老板，你却有可能遭遇物质精神双重损失。

1. 老板们的目的很纯粹

> 谁要是承受不了就请离开。
>
> ——惠普公司前 CEO 卡莉·菲奥莉娜

老板是谁？他是一个企业的主人，或者是企业里某个部门的负责人。从权力上来讲，他把握整个企业的经营决策、财政调度、人事任免、机构设置，从义务上来讲，他要向国家缴税、要给手下的人发工资。他们经营企业，也许是有意为之，也许是无心插柳，但是总的来说，他们有一些共同的目标，在这些目标的号召下，他们挖空心思、不遗余力，就是想在有生之年让自己的野心成真。

也许你觉得，这些跟你没关系，其实不然，了解老板们的真实想法，正视老板这"东西"，你才能端正自己对"职场"的偏见，摒弃那种"讨厌工作"的想法。老板雇佣你来工作实现他的个人目的，同样，你为老板工作实现自己挣钱的目的，如此推算，你和他一样都是老板——只不过关注的"企业"不同。

老板这个词，算起来有一千多年的历史了。五代十国时的大铁钱俗称为钱板。到了宋代，各省称大钱为"老官板"，生意人都喜欢要这种"老板"钱，因为这种钱的斤两足，很可靠。经商者、店主手中掌握这么多"老官板"，所以买东西的人都管店铺拥有者或管理者称为"老板"。演绎至今日，自己经营企业的人都被统称为"老板"了。

这样说来，跟老板联系最紧密的就是"钱"。他们做生意、经营企业的目的很纯粹，就是赚钱。很多人说中国人不懂得做生意，其实不然，中国历史上从来不缺少大商人。古有吕不韦、范蠡，近有胡雪岩、张謇。至于晋商、徽商、温州商人等群体形象，更是被后人津津乐道。特别是中国改革开放之后，穷怕了的中国人都"下海"捞金，做生意成功的人一下子从一穷二白的赤贫阶级成为腰缠万贯的"大款"，腰挎大哥大、手挽小蜜的杨柳腰，羡煞那些守着铁饭碗讨生活的人。于是，中国人对赚钱的迷恋前所未有地高涨起来，越来越多的人成为"老板"，或者准备成为老板，挣钱、发财，成为他们最纯粹的目标。

与金钱挂钩的，就是权力。挣了钱，老板们还希望有发言权，有社会地位。中国长达几千年的封建社会里，统治者采取的是"重农抑商"的统治策略。不管商人拥有多少财富，始终是"低下"的角色，没有身份，没有名分。商人为了摆脱这种窘迫，多半采取两种措施：一是"以末取财，以本守之"，就是经商挣钱之后买房子置地当"富农"；另一种就是花钱买官，从地位最低的商人摇身变成地位最高的"官"，把经商的辛苦在官位上找补回来。所以，权力是老板们关注的第二大焦点。权力不但可以满足个人的支配欲望，还可以带来更充足的人脉关系，以此赚到更多的钱。所以，商人、企业家们无不乐于牵线搭桥跟政府官员疏通关系，希望得到他们的扶持，让大项目上马，让大生意得到"公家"的资助。

除了钱和权，老板们还有一些其他的追求，比如说社会责任、个人成就感和心灵自由等等。海尔老总张瑞敏的目标是使海尔成为世界名牌，使海尔集团成为"世界500强企业"之一；联想集团的元老柳传志要实现"产业报国"的愿望；王石在谈到个人理想的时候说："我曾经梦想成为医生，梦想成为侦探，梦想成为一个远洋世

29

界的海员，想成为一个战地记者。梦想很多，但从来没有梦想成为一个企业家，当企业家是时代使然。"在"一不小心"成为企业家之后，他又是怎么想的呢？他说："就我个人的价值观和梦想来讲，应该靠自己的勇敢、自我不满足、智慧和汗水创造自己美好的生活，这是我的价值观。我的梦想就是：在社会当中为个人、为社会创造财富，做自己愿意做的事情。"

现在你看到了，每个老板都有自己的目的和理想，他关注的是自己，关注的是企业，企业中的每一个雇员仅仅是他实现个人目标的"工具"。**有很多人进入职场后会有这样的抱怨："老板真变态"、"老板太不人道了"、"老板一点儿都不顾及员工的感受"，这其实就是很"不职业"的表现。老板有自己的事情要做，他付给你工资，你出卖劳动力，仅此而已，你红嘴白牙说他不够体贴，他会反过来问你：你为我的企业创造了多少价值呢？**

再提醒你一遍，老板们有爱做生意的，有爱做官的，有爱"作秀"的，但很少是爱"做好事"的。有句话说：做生意不是搞慈善。老板们没有理由考虑你的感受，给你当救世主。你能够帮他挣钱，他自然对你欣赏有加；你能够为他实现目标献计献策，他自然把你当成掌中宝。所以，别再排斥职场，别再抱怨你的现任老板。不是说"男人没一个好东西"吗？事实上，天下的老板也都一般"黑"。不是他们不够好，而是我们抱的期望值太高。从现在开始，你就把老板当成"取款机"，想方设法从他口袋里掏出钱来就好了。肯给你钱，肯给你权，肯给你发展空间，你就抱定这个简单的标准去找老板，很多难题都会迎刃而解。

❤ **闺房私语**

不要因为老板没有好脸色就轻言辞职，甚至放弃工作。没有哪个老板喜欢笑脸对员工的，那样有损威望。只要他能够让企业良性运转，能够让员工们都丰衣足食，他就是个不错的老板。

2. 找个好老板，签份"卖身契"

> 我喜欢工作，自己养活自己，并让父母以我为荣。
>
> ——女星桑德拉·布洛克

前些日子，有个重返校园读博士的闺密毕业了，她的 QQ 签名赫然改成："勇敢签下卖身契。"我说，不就是跟新单位签了合同嘛，干吗搞得悲壮惨烈。她说，也是也是，多少人想卖还卖不出去呢。

这姐们儿，心态真好，知道自己这个博士不过是劳动力市场的一件商品，价位跟硕士、学士稍有不同而已。

这么说，可能很多人不理解。我看到很多人在网上发帖子控诉老板的"无情无耻无理取闹"，把自己的用人合同说成是"血泪写就卖身契"。这也太严重了些。马克思老人家不是早就说过嘛，劳动力也是一件商品，它具有使用价值，资本家压榨劳动力的剩余价值来谋取利润。说白了，老板给你发工资，你给老板干活儿，让这个交易有一个白纸黑字的证据，这就是你受雇于他的事实。

所以，我们没有必要对"老板"咬牙切齿。从你进入职场那一天起你就应该明白这个理儿，八小时之内，你就是他"买"来的商品，他"使用"你的劳动力为他赚钱，赚到的钱里有一部分以工资

和奖金的形式发回给你。为了让你这件"商品"使用的时间更长，他会对你进行维修和保养，所以，他会给你假期，给你安排培训和进修；为了让你发挥更大的使用价值，他用种种激励手段来刺激你多多干活。当他发觉你这件"商品"已经不好用了，不值得付给你相应的报酬，你就要被扣工资或者炒鱿鱼。当然，如果你觉得这位买家实在不好，你还可以主动终止这桩交易，去寻找新的东家——跳槽。

如果你还不服气，咱再从另外一个角度看看。中国有大大小小无数个"人力资源中心"，各种招聘网站上面也都储备着数以万计的劳动力信息，这些都是"卖身契"签订的重要途径。这些场所就像一个超市，每个人都是超市里代卖的商品，老板们需要人的时候就来这里看一看、逛一逛，觉得那件商品符合他的需求，他就出个价钱，合适就成交，不合适就再找。如果出现众多条件差不多的商品，老板们就要挑一个性价比比较高的。比如说，两个大学生都在找工作，一个是名牌院校计算机专业的，另一个是一般本科院校计算机专业的，两个人都通过了等级资格考试，但是，后者英语非常好，听说读写样样没问题，并且辅修了韩语。这个时候，老板就要权衡了：重点大学固然好，但是并非每个重点大学的学生都好。他需要的是干实事儿的人，而不是虚名。后面一个学生，既可以满足他招聘程序员的要求，又可以满足他开发韩国市场的要求。一旦日后需要员工到韩国去开拓市场，这个有韩语基础的员工就可以用更少的时间进行语言培训。综合考虑，付同样工资的话，老板当然要后者了。

当然，这个时候，劳动力的手中也掌握着一定的主动权，你可以决定自己卖给谁家不卖给谁家。绝对的"好"老板是不存在的，衡量一个老板好坏与否的标准不是道德层面的，而是"实质"的内容，比如：他是否能按照法律要求给员工购买保险，是否能够按时发放工资，是否能够兑现许诺的奖金和提成，是否给与员工广阔的发展空间，是否能让员工在个人能力方面得到提升，等等。至于他跟老婆离婚没有，对孩子是溺爱还是冷淡，有没有跟黑社会勾结，这些不是你该考虑的范围。

总的来说，老板觉得你这个劳动力值得买，你觉得老板这个买家还不错，你们就可以成交啦！卖身契不一定是杨白劳签的，新世纪的美女们想自立自强，也要签一份漂亮的卖身契才行啊！

❤**闺房私语**‥‥‥‥‥‥‥‥‥‥‥‥‥‥‥‥‥‥‥‥‥‥‥‥○

大着胆子说一句，结婚证不也是一张卖身契嘛！有了这一纸婚书，你那心爱的白马王子就只能跟你一个人同床共枕了，不知他暗自伤心了多少回呢。你跟其他帅哥眉来眼去的权力也被限制了不少。啧啧，相比较而言，跟老板签订的卖身契还算是自由的啦。

3. 肯为你花钱，是好老板的一个重要标志

> 合作来说，双方都有选择权。双方会因为彼此有利可图才会合作，如果一方觉得这样的合作对自己不再有利，就会选择不合作。
>
> ——女影星李冰冰

几个闺密围在一起谈论男朋友的时候，少不了话题就是 "钱"。

传统的观点是炫富，看谁的男朋友有钱，而最新的观点是，不看谁男朋友有钱，而是看谁的男朋友肯为她花钱。如果男友月收入三千元，也舍得给你买一万块钱的 LV 包包，你肯定会感动得涕泪横流吧？

说这个例子就是为了说明一个现象，慷慨容易赢得人心。其实，不光是慷慨的男朋友讨人喜欢，慷慨的老板也受到员工的青睐。如果你的老板愿意为你掏钱，他八成是个靠谱的老板。斤斤计较、小肚鸡肠、一分钱掰两半花的小老板，开个小作坊压榨民工没问题，想干成大企业肯定不成。相反，对员工关爱有加，赏罚分明，不吝惜重金奖励人才的老板，生意必定蒸蒸日上。所以，从老板为员工掏钱的情况，你也可以判断他是不是好老板。

有那么一些管理者，看到账单递到桌上会找个借口离开；当大家倡导捐款时，找不到他的身影，这种人早晚会众叛亲离。而有些领导，许诺的奖金必定会兑现，下属有了困难愿意主动掏腰包，炎炎夏日会给员工买饮料，员工生日不忘记递上一张贺卡，这种"小钱"最能起到聚拢人心的效果。有了人心，生意就好做一半。如果你遇到的是这样一个老板，即便企业暂时规模不大，你也可以信心十足地干下去，早晚会有回报的。

老板为你掏钱，不是无原则地掏。做生意是要讲究投入和产出的，无缘无故大把往外散钱的人经营不了企业。说老板大方，主要体现在以下几个方面。

第一，针对你的突出表现给与物质奖励。如果你的工作完成得很好，为团队额外创造了利润，老板明察秋毫，会毫不吝啬地给你奖赏。有些老板很狡猾，虽然知道某员工表现不错，但是只是口头上表扬几句，不舍得拿出半点儿好处，颇有"既想马儿跑，又想马儿不吃草"的样子。这样的老板，一旦你遇到，就要据理力争，向他讨个说法。给你分红可以鼓励你为公司创造更多价值, 如果他连这个账都算不清楚, 他还做什么生意呢?

第二, 承诺的奖金能够兑现。这一点在大公司里会有专门的制度, 比较容易掌握, 但是在小公司里, 完全由老板红嘴白牙说了算, 很可能让你空欢喜一场。这既是钱的问题, 也是老板个人诚信度的问题。这一点你要仔细动脑筋想一想。如果公司效益很好, 完全有能力兑现奖金, 老板应该兑现自己的诺言。如果他忘记了, 你可以婉转提醒; 如果提醒之后他还是装傻置之不理, 那你就要为自己的以后做打算了。英语有句俗语说: "Once a layer, always a layer。"翻译过来就是一次骗, 次次骗。他把"年底发红包"当成诱饵, 让大家拼命给他干活, 却不能履行自己的承诺, 这样的老板绝不是好老板。

第三, 肯出钱为你的"充电"埋单。企业对员工有培训的义务, 在制度完善的大企业里, 员工会有相应的培训课程。但是在发展中的中小企业里, 这方面可能差强人意, 只有那些跟老板关系好的人能够取得培训或深造的机会。如果老板愿意给你这个机会, 说明他不错。如果老板只是一味地督促员工苦干实干, 却丝毫不为员工个人成长考虑, 不愿意给员工"交学费", 这样的老板是要不成的。

第四, 一切有助于员工更好地完成工作的举措, 老板都支持。当你需要某些材料、数据、工具, 甚至出差, 老板都会很痛快地提供帮助、报销费用, 他就是个好老板。华为的"狼性文化"是出了名的, 员工加班加点是常事。但是, 华为的老板任正非毫不吝惜地为员工提供一切便利条件, 且不说加班时在办公室睡觉用的睡袋、宵夜, 就连公司的电脑配置都是一等一的。在这样的老板带动下, 员工们拼命也值得了。

当然, 以上这些能够全做到的老板并不多, 毕竟做企业不是做慈善，老板的每一分钱都要有相应的回报才行。即便是这样，如果你的老板能够做到上述四点的一半以上，他就很不错啦。

❤闺房私语 ⋯⋯⋯⋯⋯⋯⋯⋯⋯⋯⋯⋯⋯⋯⋯⋯⋯○

　　老板再慷慨，他花的钱也是"感情投资"，说白了就是让员工去他卖力挣钱。姐妹们一定要搞清楚这个事实哦。千万别拿这个标准去找老公，呵呵，这是两码事啦。

4. 从老板口袋里掏钱，理直气壮

　　　"实力"是赢得尊重的唯一法宝，小到个人，大到国家、民族，都是这样。

　　　　　　　　　　　　　　　　　　——邓亚萍

　　既然你跟老板是劳动力的买卖关系，那就可以讨价还价了！很多80后的美女们打小就有独立意识和强烈的自尊，觉得不好意思跟老公伸手要钱，而且心里总会有一种"大女子主义"作祟：我自己能挣！如果是这样，你就更应该理直气壮地把手伸向老板的口袋，向他"讨薪"！

　　我们在职场打拼，为的就是一份丰厚的薪水。那么，为自己谋求一份合理的薪水是每个职场人要做的事。有些人天真地觉得，只要自己努力工作，做出成绩，老板就会看在眼里主动加薪。这样仁慈慷慨的老板或许有，但是遇到的几率可能跟你走在街上被原子弹砸中脑袋的几率差不多。除非是你表现实在太突出了，一个人的一笔订单都赶上公司的半年产值了，老板主动会给你一个红包。否则，你只能自己争取加薪。

美国职场心理专家对世界 500 强企业中的 377 家进行调查，调查结果发现，除了例行公事的年终加薪，虽然 72% 的老板不会在平时为员工加薪，但仍有 54% 的员工获得过"非常规加薪"。前提是你必须主动提出加薪要求。职场心理学家一再提醒，"只要好好表现，公司会多给我钱"是员工一厢情愿的幻想，在真正的职场厮杀中，劳方和资方永远处于对立关系！

那么，我们要**如何向老板要求加薪的呢？在我看来，有一点非常关键，那就是心平气和、有理有据地"谈"，而不是心急火燎、急功近利地"要"。好的薪水是挣来的，更是谈来的。光干活不拿钱不是精英而是白痴，为了薪水吵得脸红脖子粗也不是精英而是暴徒。**真正的职场精英都是"谈判"的高手，谈判的内容就是让老板为自己的劳动力出个合理的价钱。

专家分析，在基层阶段，若职位不动，能有两千元的调薪已经不错了，但只要一升迁，就会有六千元以上的薪资突破，因此，努力做出好绩效争取升迁，才是薪水成长的主要着眼点。

老板凭什么给你薪水？最直接的因素就是你能够为企业创造效益，你有优秀的工作绩效。没有哪个老板会养闲人，能干活的人才有饭吃。所以，你得先干，干出成绩来，然后再谈。如果你年薪十万元，开口跟老板要到十五万元，老板一定要问你："你凭什么要那五万元？先给个理由！"

根据现状，你必须在为自己"开价"之前，先掂量好自己的价码。一般来说，评价一个职员的能力，除了技术之外，也就是"硬指标"之外，还有所谓的"软指标"，不同级别的职员有不同的"软指标"，如普通职员最可贵的是学习能力、理解能力、团队合作精神等；管理职员最可贵的是领导能力，也就是计划、组织、控制、监督、反馈能力等。因此，不同发展时期的职员，需要提高不同的能力、素质和品质，从而促进企业业绩改善。

一般比较容易加薪升职的职员要具备 3V 和 10 心，3V 即有战略眼光（strategy vision）、有价值（value）、能够创造成功（create victory）；10 心即有爱心、热心、责任心、上进心、耐心、关心、恒心、奉献心、包容心和平常心。

你把自己各方面的条件综合一下，就要开始跟老板谈判了。只要不背离单位的薪资总体水平，选择加薪升职的时机可以有以下几种：一是与上司约时间，二是可以通过发电子邮件，三是在汇报里表明期望。你可以把自己所做的工作都做成表格，发给上司一份，再发给大老板一份，这样一来有理有据，你要求加薪时腰杆就硬得多，即便上司成心刁难你，在大老板的监督下，他也不能过分。俗话说，"会吵的人有糖吃"，谈薪水这件事，不能说是百分之百对，但对你的薪水发出声音，绝对是正面的，至少你的主管会多纳进一个考虑的因素。

在一个 875 位人力资源主管接受的调查中，60％表示会在面谈时对薪水保留一些弹性，只有 30％说绝对不能调整，其余 10％要视对方的态度而定。另外一个调查则发现，高达 80％的人力资源主管是下属跟他沟通薪水的。他们甚至认为这是考验下属的一个环节，因为升职可以简单地理解成逐渐进入管理层，而作为管理人员就必须担负起计划、组织、控制、总结、改良等责任，尤其是必须要去处理一些人际关系，说服能力、沟通能力、观察能力都成为必需的能力。不善于表达出自己的准确意思，肯定得不到最佳效果。

除了在面谈中，要清楚表达自己的市场价值，对职场人来说，还应该建立另一种积极的认知：争取合理的薪资，是一个长远的目标，第一次没谈成，不代表就要放弃。

要提高谈薪水成功的机率，其实只有一个关键：就是准备。所谓的准备，包括技巧的准备，也包括信息的准备，以及谈判万一破裂，做好接受现况或是走人的心理准备。

不同文化的公司和不同风格的老板对于谈薪水的反应不一，且差距甚大。所以，一定要事先了解企业的现行做法与文化。譬如，在制度健全、薪资领先业界的大公司，就不太有谈薪水的必要。

此外，开口之前一定要想清楚："万一加薪不成怎么办？"如果你仍然十分在意这份工作，就要事先想好备案，避免关系破裂。对此，你不妨多给自己一些空间，也给对方空间。

加薪不成，经常是因为主管没有为你加薪的资源，这时不妨改为向主管争取公司能够提供的其他补助，事实上也等同于加薪。

当然，若经过仔细思考，实在不能接受现在的薪水，离职未尝不是一种"此路不通，另辟新途"的选择。跟老板谈薪水是职场人必须做的一件事，也是必须做好的一件事。既然认准了职场，就应该对自己的薪水负责，做一个合理的薪水规划。做苦工不拿钱是蠢材，老板会觉得你"不值钱"，不懂得捍卫自己的权益。

❤ **闺房私语** ·······························O

　　千万别以为主动争取是一件非常"掉价"的事，既然自己有欲望何必非要掩饰，有企图心并不是一件坏事，没有任何一个成功的女人是缺少企图心的。既然生在这个世俗的社会又想要获得成功，那就放弃你那副不食人间烟火的仙女做派，放手去争取自己的好"薪"情。

5. 即便是好老板，也有五大"谎言"

> 人都是这样，当你感到不稳定，没有安全感时，就会去挖掘更多潜能，让你对未知的事更加好奇，收获也就更多。
>
> ——女星刘玉玲

在具体讲述这一节之前，我们先看一个网络上流传的笑话：

进入公司前，你跟老板的谈话是这样的。

老板：万分欢迎，没有你我们的公司肯定大不一样！

职员：如果工作太累，搞不好我会辞职的。

老板：放心，我不会让这样的事情发生的！

职员：我周休两日可以吗？

老板：当然了！这是底线！

职员：平时会天天加班到凌晨吗？

老板：不可能，谁告诉你的？

职员：有餐费补贴吗？

老板：还用说吗，绝对比同行都高！

职员：有没有工作猝死的风险？

老板：不会！你怎么会有这种念头？

职员：公司会定期组织旅游吗？

老板：这是我们的明文规定！

职员：那我需要准时上班吗？

老板：不，看情况吧。

职员：工资呢？会准时发吗？

老板：一向如此！

职员：事情全是新员工做吗？

老板：怎么可能，你上头还有很多资深同事！

职员：如果管理职位有空缺，我可以参与竞争吗？

老板：毫无疑问，这是我们公司赖以生存的机制！

职员：你不会是在骗我吧？

进入公司后，请从后往前读。

如果你笑了，说明你已经心领神会。的确，很多人进了公司之后多少会有"被忽悠"的感觉，实际的工作远远比想象的要多，基本工资能够拿到手，奖金可就成了镜花水月，各种补贴迟迟不到位，加班加点那是常有的事……很多人就此开始抱怨企业不好、老板不好，心里萌生去意。可是，当你在职场中转了一大圈，会惊讶地发现，所有公司都差不多！

现在，职场上正兴起一股"打假风潮"。混迹职场之人，必须对职场中无处不在的"白色谎言"谙熟于心。所谓白色谎言（White lie）就是在不伤害对方的前提下，为使事情控制在一定范围和一定程度，来说一些不含恶意的谎言。它是一种职场常用的手段和一种处事方法，它有时也是处理上下级关系的润滑剂。只是在运用这一手段时，要注意尺度，更不要违背行业的商业规则和个大的职业道德规范。

实话告诉你吧，**企业文化、涨工资、升职、培训、离不开你**，是老板们经常用的五种"怀柔"策略，很多时候并不能完全兑现。它们有点儿像喂小孩吃药前的糖，担心你怕苦，所以让你尝到一点甜头，等你乖乖把苦药吃下去，后悔也晚了。

智联招聘最近的调查显示：66.9%的职场人都被领导的承诺"忽悠"过。其中四成职场人表示，领导承诺的提成奖金只是空画了一张"大饼"，兑现的期限绵绵无绝期。还有三成职场人被领导加薪的承诺晃点过，加薪的时间也是一拖再拖。相比较而言，升职被晃点的比例较低，为18.6%。很多公司的管理制度并不是很规范，加薪或者升职的规定不明确或者执行力不强，升职和加薪都是领导"说了算"，提成和奖金也是一样。

其实，这些话与其说是"谎言"，不如说是老板的一种管理方法。如果老板的这些承诺不能百分之百兑现，不能说明他是个"坏"老板，还是要从企业的整体情况来判断，看他能够兑现承诺中的几分。在遇到类似情况的时候，一定要从各方面分析当时的公司状况，不能一时冲动跳槽。可以找寻适当的时机，理智地和领导就此事进行沟通，切勿自暴自弃影响自己的工作。即使你要离开现在的公司，也一定要和气而理智，切勿因此事和老东家搞得不愉快。记着，一些欺骗你可以忍受，一些欺骗你必须反抗；一些"谎言"你可以跟着说，一些谎言却坚决不能说。

❤ **闺房私语** ···○

职场里最著名的"九大谎言"如下：人性化管理；能力是衡量员工最重要的指标；企业内部要团结；沟通创造价值；效率才是一切；付出就会得到；现在我们可以畅所欲言；我们是在公平竞争；依法治理以及透明化管理。

6. 婚姻不是避风港，老公代替不了老板

> 我曾经想跟一个不简单的人过简单的日子，后来发现这是很困难的，一个不简单的女人可能会过很简单的生活，但是这对于一个不简单的男人，太难了。
>
> ——女影星高圆圆

很多女人的想法是这样的：女人何苦辛辛苦苦奔波，还是找个人嫁了更省心。于是，越来越多的女大学生还没毕业就开始相亲，重新走回了"嫁汉嫁汉，穿衣吃饭"的老路。还有越来越多的失业女青年改"找工作"为"找老公"，她们最想听的话不是"我爱你"，而是"我养你"。婚姻，在这些天真的女人看来似乎是把万能钥匙，可以解决所有的问题。

很不幸的是，这只是美女们的一厢情愿，在解决问题的同时也产生了一大堆的后遗症。因为急着找"饭票"，注重的只是对方的经济状况，却把性格、爱好、家庭背景、处事原则等要求都降得很低。可是结婚之后，矛盾纷至沓来，感情的裂痕越来越大，一个没有独立收入全靠老公养活的女人丝毫没有自尊可言。一旦婚姻出现危机，老公要离你而去，你连擦眼泪的纸巾都没钱买！雪上加霜的是，在中国这个传统社会里，离了婚的女人很难再找到"质地精良"的好

男人。

再者说，多金男也不是说嫁就能嫁的，人家也在挑理想的老婆呢。越是条件好的男人，对未来伴侣的要求越多。不是经济上的，而是综合考虑。原因很简单，带出去有面子。首先是相貌，每个男人都希望自己的老婆长得跟仙女似的，在审美的问题上几乎所有的男人都是外貌协会的；第二是才学，谁不希望自己的老婆是个才貌双全的大美人，即使不能以才女论之，那也得拿出手去不露怯才行；第三是经营家庭的能力，是不是能与公婆愉快相处，是不是有照顾孩子的耐心和爱心，能不能烧一手好饭菜，能不能把老公的西装熨烫得笔挺，这些"家务事"是一个懂得生活的优质男人非常注重的。别的不说，就这三点，女人们就得掂量掂量自己的分量够不够，最起码也要占一样才行。

所以，想通过嫁人来解决问题的美女们可要想清楚了，不想自力更生，你就得自降标准。而自降标准所带来的后果十有八九是不能尽如人意的。

三十岁的李歆大学毕业后一直没有找到合适的工作，换来换去总也不满意。其实李歆是一个非常要强的女孩，从小母亲去世得很早，父亲也在她二十三岁的时候离开人世，两个姐姐当时都已经结婚，只剩下她自己无依无靠又没有固定收入。于是姐姐们就积极为她安排相亲，希望她能够找到一个好的归宿，李歆自己也有这样的想法。可是见的男人却一个不如一个，眼看已经过了二十六岁自己还这么飘摇着，索性就听从姐姐的劝说找了一个条件也不是很好的男人嫁了。

婚后的最初几年也还算过得去，有了家庭，生了儿子，一切看起来都还算美满。可是李歆却并不感到幸福，因为丈夫的固定工资根本不够一家人的消费,李歆需要找工作、想出路来贴补家用。两个人成天为了柴米油盐吵架、冷战。看着昔日的同学们,现在要事业的有事业,要爱情的有爱情,而且一个个光鲜亮丽,自己却跟半老徐娘似的颓废不堪,自己都觉得自惭形秽。这让骨子里倔强又清高的李歆每天过得很郁闷,不知道自己今后的路到底应该往哪儿走。

当你认为你的避风港原来只是块烂泥地,盖不起城堡又种不上庄稼的时候,你是否也会为当时的选择而痛心疾首呢? 即使你不是急于躲避风雨降低标准草草把自己嫁掉,而是有个条件不错的男人心甘情愿地等在那里要娶你、要养你,你也不能就头脑发热,以为他就是你救苦救难的观世音菩萨。 他的现在的"救苦救难"可是需要你用一生的以身相许、做牛做马为报答的。你们是否相爱暂且不论,就算你们已经爱得死去活来,已经到了他"非卿不娶"你"非卿不嫁"的地步,你也必须抛开将婚姻当依靠的错误想法。小鸟依人的画面固然温馨,但依靠的时间长了,你的男人难免不会手麻脚麻、肩膀酸痛,他能扛得住你一时的浪漫,却未必保得住一世的一成不变。更何况"我养你"本身就已经将"情感关系"转化成了"经济关系",但凡给钱的人都少不了会自鸣得意,而拿钱的人也免不掉手软理亏。婚姻中的关系一旦不平等了,幸福也就不能么平衡和谐了。

在婚姻之中,没有谁必须要对谁一辈子都负责。他对你不离不弃那是他仁义,当他觉得仁至义尽,要把你放在一边的时候,你也只能悲叹造化弄人、时运不济了。当真只是造化的作弄也就罢了,但这明明是你自己一手造成的。婚姻本来就不是避风港,而是一条同舟共济的大船,你上了这条船就要为这条船的乘风破浪出力,享受得了风平浪静,也得经受得住雨打风吹。想要让婚姻这条船走得更稳更快，你自己首先必须就得是个好舵手，若想独坐船头、闲看风景，那就别怪前面奋力摇桨的人脾气大、技术差，他没有把在一边光说不练、指手画脚的你赶下船，你就已经要烧高香了。

所以，美女们不要试图将婚姻当做自己的避风港，避风港也有经不起海啸的时候，何况它根本就不是呢？还是学着让自己当个好舵手去驾驭家庭这条大船来得好些！

❤**闺房私语**··○

现在生活压力这么大，光房款一件事就能把男人压得直不起腰来，你忍心看着自己心爱的男人辛苦奔波，而自己坐享其成吗？如果他暂时还没有那种能力，你就应该发挥自己的聪明才智，自己找个老板挣工资，帮老公分担一点点。

7. 被你的成功"吓跑"的男人不是好男人

> 勇敢面对自己，哪怕你的选择在外人看来并不主流。
>
> ——女影星袁泉

"女人太强了，男人就不敢要。"不知道从什么时候开始，这个观点像"幽灵"一样在社会中蔓延开来，我找了一大圈也没找到出处。意思相近的说法就是，女人总希望找个比自己强的男人做老公，男人总希望找个比自己弱的女人做老婆。不管怎么说吧，好像女人总摆脱不了"职场得意，情场失意"的苦恼。

因为受了这样的蛊惑，很多女孩在追求个人发展的时候会有顾虑：万一自己太强了嫁不出去怎么办？其实，大可不必这样想。

2008年，有一本非常好看的漫画书《小猪虾米夫妻日记》出版。这个漫画曾经在网络上连载了很长时间，点击量相当高。其作者是一位能写会画的80后的重庆小美女"小猪"，丈夫"虾米"则是不通文墨不会画画的计算机专业人士。小猪的书里曾经写到这样一节，某天，小猪突发奇想，问老公："如果某天我成了畅销书作家，你会不会自卑？"她原本以为老公要说"会"，不料，老公气定神闲地说："好啊好啊，你能大把挣钱了，土猪变成金猪，我高兴还来不及呢，抓住你不撒手哇！"

"虾米"的回答给"小猪"吃了一颗定心丸，更是给广大奋斗着并且"单"着的美女们打了一针强心剂。没错，传统眼光里，男人就是应该养家，但是既然自己的女友、老婆有才能，为什么不给心爱的人一个展现的机会呢？如果这个男人真心爱你，绝对不会因为你很"强"就心存畏惧，更不会以此为由离开你，相反，他会依旧保持男人的自信——不管你挣多少钱，家用仍旧由他付。

大嘴美女姚晨自从《武林外传》成名之后，就成为娱乐圈炙手可热的一线女星，片约不断，人气飙升。相比较而言，她的老公"老凌"也是圈中人，就沉默多了。很多人问姚晨，"老凌"会不会有心理落差？姚晨说，老凌的心理素质非常好，姚晨成名与否没有给他造成任何压力。

与姚晨享受同样幸福的还有美女主持人、企业家杨澜，她跟丈夫吴征虽然是第二次婚姻，却成为大家最为看好的一对。吴征虽然掌管大企业，身价不菲，知名度却远远没有太太高。有人问他，太太那么有名他会不会有压力。吴征的回答巨帅、巨男人:"杨澜再有名,也是我吴征的老婆!"

看吧,**真正强悍的男人是不需要女人的柔弱去凸显的。相反,他们有一个聪明的脑袋壳,更喜欢与另外一个聪明的脑袋壳相处,两个人能够有所交流,能够有共同的话题,能够站在同样的高度想问题,能够齐心协力把工作干得风生水起。**细数数,李彦宏,潘石屹,刘永好……这些当今商界赫赫有名的男人们,背后的女人都比较强悍呢。而且,他们当初选择妻子的时候,也都处于事业起步阶段,甚至是人生低谷期(刘永好辞掉公职做小生意,引来无数流言蜚语),但是,在强悍的妻子支持下,他们终于峰回路转,走向事业的顶峰。

所以,美女们,如果某个男人以"你太强"为借口跟你分手,千万不要难过,更不要挽留,那只能说明他不够强,跟你不是一个档次!单身并不可怕,可怕的是自己把自己圈在思想牢笼里固步自封,还硬要摆出一副自怨自艾、神圣不可侵犯的面孔,你干嘛让自己变得这么可怜又面目可憎呢?还是自己给自己找点乐子,让自己每天都有事做、有钱拿、有饭吃、有约赴,开开心心地过属于你自己的小日子,这样你的亲人朋友才能安心,也才能堵住那些搬弄是非的嘴。

♥ 闺房私语 ────────────────────○

有些男人貌似儒弱,却藏着一颗细腻坚韧的心。虽然事业上不是太风光,但是有一技之长能养家,这就是很好的备选老公。美女们,如果你真的想找个靠谱的男人,不一定要找那些"强悍"的,这种稳重踏实的也很不错呢!

8. 能够找到好老板的女人，肯定会有好老公

> 作为女人，我们唯一可以改变并从中获益的是健康的心态。稍微打扮一下，让自己心情愉快地出门，爱情怎会不找上门来？现在就是我最好的状态，是经过苦难、自我调整和追寻才获得的。
>
> ——女星珍妮弗·安妮斯顿

工作若干年，打拼若干载，有些美女会感慨自己"老"了，虽然没有人愿意从心里承认这个事实，但是心中的不安也确实在随着年龄的增加而加剧。很多意识都在成熟，包括对于爱情故事真实性的怀疑，包括对于日后婚姻的现实猜想，包括对自身平凡的无奈接受，包括对爱情伙伴标准的一降再降……仿佛这才叫做成长。

能够客观地认识"成长"这件事，就意味着公主王子的童话故事越来越远，我们不再幻想浪漫的爱情奇迹。于是，有些待字闺中的女孩干脆放弃了对男人的期待，心甘情愿地"剩"着。

其实，**在我看来，幻想固然要抛弃，却也不至于彻底放弃找个"好老公"的想法。有本事找到好老板的女人，一定能够找到好老公**。别不相信，来看看你身上有哪些优点吧：你也许很漂亮，好，加分；你也许很温柔，加分；你也许气质高雅，加分；你也许很会做家务，加分；你也许煲得一锅好汤，加分；你也许很孝敬父母，加分；你也许朋友遍天下，加分；你也许事业成功，加分；你也许善于把握人际关系，加分……无论你具备哪一条你都配得上一个好男

人。即便是你现在身边没有真命天子，那也只能说明缘分还没到。

如果你喜欢好莱坞的帅哥辣妹，一定知道珍妮弗·安妮斯顿，不错，她是布莱德·皮特的前妻，是《老友记》里任性、幽默、大手大脚又敢爱敢恨的 Rachel，是美国《人物》杂志评选的 2000 年度最受欢迎电视女艺人。

走出众多明星光环，珍妮弗就是一个充满爱心、阳光乐观的女孩。是的，虽然她已经快四十岁，她仍然被好友们称作 girl。她用十年的时间演绎《老友记》，自己的生活简直就是活生生的老友记。在好莱坞，她不是演技最好、导演最爱的，也不是两千万美元俱乐部成员，但是她圈内好友最多，奥兰多·布鲁姆、杰克·吉伦哈尔、金·凯瑞、亚当·桑德勒、本·斯蒂勒、欧文·威尔森等男星都是她的好朋友，考特妮·考克斯、莉沙·库卓、詹妮弗·梅尔、雪莉·克劳、卡梅隆·迪亚滋、凯特·哈德森、德鲁·巴里摩尔也跟她有亲密的关系。

与皮特分手之后，安妮斯顿拒绝索要赡养费，两人在财产分割上没有太多纠缠。随后，安妮斯顿与朋友合伙创立了新的电影公司"回声"，她发表声明说："我们选取的故事都是人们发现自我的奋斗之路，他们的经历帮助我们认识到生活的意义。所以我们为电影公司取名回声，是对想法、挑战和引起我们共鸣的事物做出回应。"

如果你以为这个离婚的女人借助工作来麻痹自己，那就错了。她确实在努力工作，但是更没有丧失爱的能力。遇到心仪的男子，她愿意全心全意地投入。她曾与影星文思沃恩有过一段短暂恋情，之后两人和平分手，并以好朋友的身份继续维持着美好的关系。随后，安妮斯顿曾单身近一年，受尽各类八卦谣言的中伤诋毁，不过，她并没有放弃对美好生活的憧憬。2008 年，她与美国格莱美奖获得者、歌手约翰·梅尔正式进入恋爱关系，这段姐弟恋（女三十九岁，男三十一岁）一度为美国民众和八卦杂志津津乐道，两人的恋情也入选了美国《人物》杂志关注之最。

可以说，在经历过一系列的事件之后，安妮斯顿活得更阳光、更快乐了。她的发型、衣着打扮都成为时尚，经常被评选为最会穿衣女星，在北美可以算得上是比较受时尚界肯定的明星。在众多的赞誉声中，珍妮弗微笑着说："我不是那种想结婚，然后再想有个大房子、有孩子的女人。相反，对一切我都顺其自然。当你试图制定计划时，生活总是在继续。最好还是珍惜每一秒。因此，我总是努力活在现在。"她曾经拥有世界上最帅的男人，但她不认为只有美貌才能赢得爱情。她说："我们大多数人其实都是普通人，比如我的下巴就总被人嘲笑，外表不是我们能控制的。我常常被称为性感女人，其实我觉得自己并不好看。作为女人，我们唯一可以改变并从中受益的是健康的心态。稍微打扮一下，让自己心情愉快地出门，爱情怎会不找上门来？"

与安妮斯顿的话相得益彰的是陶晶莹的爱情宣言："我在三十岁生日的时候就对自己说，都等到三十岁了，不能对男人自降以求。事实证明，坚持等下去是对的。"说这话的时候，陶子已经高调举办了婚礼。

❤闺房私语

坚信自己能够找到那个爱你而你也爱的好男人。在寻找的过程当中，你的智慧、你的坚持、你的勇敢、你的判断力、你的不妄自菲薄都构成了让你闪耀的光芒，也造就了让那个好男人爱上你的理由。你值得被一个好男人来爱，不仅仅是一种自我激励，更是一种对人生负责的态度。

★ 高跟鞋行动

1. 端正对老板的态度，他就是出钱买你劳动力的人，你就是收钱充当他劳动力的人。有道是"拿人钱财与人消灾"，你们之间就是那一纸雇佣关系，何必对他有太高的"人性化"期待？

2. 如果对当前的薪水不满意，可以理直气壮地跟老板提加薪要求。但是在提出要求之前，一定要想好这个问题：老板为什么给你加薪？他给你工资，聘请你来。如果你没有给他创造更多的利润，他为什么给你更多的薪水？

3. 很多老板喜欢开会，会议的有效时间却不多，大多数时间都用在宣讲企业文化、团队精神、集体荣誉感等空话上面。对于这些，你无须相信，更无须因此产生"被骗感"。让他们忽悠去吧，你只要看老板给你发多少奖金和提成。

4. 如果你忙于工作没有及时跟男友联络，一定要诚恳地向他道歉。如果他不肯接受你的道歉，硬要你放弃你心爱的工作，那就是他的不对。你可以在二人世界里向他示弱、撒娇、扮小女人，却不能为他放弃"职场大女人"这个身份。

5. 结婚之前问问自己，如果这个即将成为你丈夫的人一朝事业不顺，不能再为你提供锦衣玉食的生活，你愿意跟他在一起吗？如果你能肯定回答，那就结婚吧。否则，不要害他。

6. 就算你的工资比老公多十倍，买菜做饭水电煤气这些开支也要由他来支付——这是维护他男子汉尊严的好办法。否则，他可能会被你这个"女强人"遮住锋芒，颜面无光。好歹，这些钱他能为你提供，他可以在朋友面前说自己"养活老婆"。

第三章

拿出小算盘，算算好老板带来的附加值

　　高薪水、高职位、光明的前途，这些都是老板可以给你的"福利"，是职场中最明显的好处。可是，老板对你职场之外的个人生活有没有影响呢？答案是肯定的。好的老板是一所好学校、一位好老师、一个好师兄，他传授给你做人做事的经验，也帮你总结教训，这些精神财富是你花钱买不到的。即使你自己不用，也可以跟你的老公分享。好的老板自然有一套成功法则，你与成功人士离得越近，越能受到熏陶，日积月累，你的思维方式也会自然而然朝着成功的方向靠拢。事实证明，职场女性比全职太太拥有更多的社会交往和人脉关系，这也使得她们的性格更加圆润，处理各种关系的时候能够游刃有余，不至于局限在狭小的圈子里哼哼唧唧、多疑小性。总地说来，一位好老板带给女人的绝对不仅仅是职场中的利益，还在生活方面有深刻的影响。

1. 哪怕你的工资只有几百块，也能买到自尊

> 我这一生不会倚赖任何人，或向任何人恳求时间、金钱
> 以及怜悯。我的一生将掌握在自己的手中。
>
> ——作家亦舒

"哪怕你的工资只有八百块，在人前说话的底气就很足。"这是我的一位好友岩岩跟我分享的"闺中秘籍"。

岩岩的老公是位私营业主，自己有一家初具规模的机械厂，在东部的一个小城市里，他们的日子算是"很滋润"了。按照很多人的想法，岩岩可以"不劳而获"，做个幸福的小主妇了。但是她没有放弃自己的工作，依旧兢兢业业、认认真真地做着一份很"不女人"的差事——警察。我劝她不用那么卖命，至少可以动用关系做个文职工作，她说不行，老公的钱也是一分一分辛辛苦苦挣来的，自己虽然挣得不多，也绝对要自立自强，不成为老公的负担，不让婆家人看扁她。

当时，岩岩刚刚参加工作不久，基本工资只有八百多块。老公给她留足家用，让她自己把工资存起来，不用负责养家。她点头答应着，却有自己的小算盘。老公留的家用她用得很节制，每个月的盈余单独存在一张银行卡里，不乱动一分钱。她平日里逛街买衣服、买化妆品用的都是自己的工资，老公的衬衣、领带也都是她一手置

办。老公每次对她说"别乱花钱"，她总是体贴地说："你这件衬衣旧了，出去谈生意会丢面子。"逢年过节，老公会给双方父母买贵重的礼物，岩岩则在平时买些"力所能及"的小物件，加湿器啦，煮蛋器啦，按摩坐垫啦，浴足盆啦……这些淘宝上的新鲜玩意儿都被岩岩买回了婆婆家，婆婆高兴得眉开眼笑，说自己儿子"有眼光"，娶到了一个能干又懂事的媳妇。

现在，岩岩的工资高了许多，"为家作贡献"的想法丝毫没有改变。她常常感慨说："我这点儿工资跟老公的比起来微不足道，但是我这份心意是很值钱的，更重要的是这样做让我很有自尊。越是嫁到有钱人家，越要提防被人看扁。即使我的工资只有八百块钱，我能够养活自己，也让我在人前说话的时候底气十足。"

岩岩的说法，应该代表了当今年轻人的心态。很多人说，现在的年轻人好逸恶劳，我却觉得，大多数人还是积极上进的。生活的重压让人喘不过气来，但是很多人都在自尊自爱地奋斗着。老爸老妈用白米饭把我们养到这么大，又供我们上学，学知识、学道理，不就是为了让我们在精神境界上有所提升吗？

不错，80 后生的人多数是独生子女，所以带着娇生惯养的通病，可是我们也具有扭转乾坤的能量和决心。御姐也好，败犬女也罢，我们之所以独特，完全是来源于自身的独立；我们有特立独行的个性，更有养活自己的本领。为老板打工，光明正大地拿薪水，有谁能挑出咱的不是？有道是：走自己的路让别人说去吧，花自己的薪水让他们羡慕去吧！

❤ **闺房私语**

好好爱自己，拥有自己的经济基石，你才可以更有魅力。

2. 好老板是好学校、好导师、好师兄

> 要做的事情总找得出时间和机会；不要做的事情总找得出借口。
>
> ——作家张爱玲

没有几个老板会手把手亲自教你东西，但是，他会在自己的企业里建立一个人才培养机制，给你学习东西的机会。一般来说，在大中型企业里会有相对完善的人才培养制度，如果你进入了一个制度不够完善的小公司，没有现成的学习机会，你就要懂得"偷师"。有句话说，"师父领进门，修行在个人"。在规模较小的公司里，各个部门之间的壁垒并不是很明晰，只要你肯处处留心，可以把各部门的情况摸个透，这是增长见识的大好机会。

如果老板不能亲自对你进行"传帮带"，他至少会给你一个进门的前辈带你上路。如果你初来乍到，作为"晚辈"，一定要把"长幼尊卑"的资历排行榜在心里仔细盘算好。这不是让你"谄媚"，而是教你职场上的处事方法。跟前辈"套瓷"，能够得到很多实惠的建议和意见。而这些"宝典级"的点子，很可能就是你以后平步青云的独门绝学。所谓"闻道有先后"，多看看"前辈"，就等于给自己找到一个"参照物"，要怎么做，不要怎么做，参照前辈的指点，职场人可以少走弯路。

　　前辈，又可以分为"导师"和"师兄"。二者如何区分呢？简单地说，导师负责教战略，师兄则负责教战术。比方说，导师会告诉你，要注意掌握竞争对手的动态；师兄则会具体地告诉你通过什么途径可以获知竞争对手的销量。又比如，导师会告诉你，要注意判断潜在的生意增长点；师兄则会具体地教你，通过分析哪几个指标可以判断出谁是我们的目标客户。也就是说，导师指给你一个大方向，而师兄则具体地教你是走陆路合适还是走水路合适，并一路陪伴，在你遇到困难的时候予以帮助，这种帮助，可以是技术上的支持，也可能是精神上的鼓励。

　　现在你明白了，一个好老板就是一个好学校，即便是他不能言传身教，也会给你指派一个好的导师和师兄作为你强有力的靠山，如果你想在职场里扎根当红花，少不了他们的指点和庇护。任何企事业单位里都有一些"潜规则"，就像藏在水底的冰山，平时看不见，等你真的撞上就晚了。有了导师和师兄的指点，你就能看到一些别人看不到的东西，比如，这个工作体系中真正掌握权力的人们，除了各级上司之外，还包括那些职称不响亮，却掌握特殊权力及信息的"隐形掌权人"，例如总经理的助理、老板的配偶、上司的秘书、工作团队中的非正式领袖（人人尊敬的老大哥、老大姐们）等等；单位里的关系有多么复杂，总经理跟行销部门主管是大学同学，而你的上司则和财务主管有过节，要不就是某经理曾是某科长的手下败将，而某副经理则是董事长的远房亲戚……这些事情如果没人告诉你，你想破大天也不会知道。如果你不小心犯了谁的忌讳，或者损害了谁的利益，那补救可就难了。要避免这种"杯具"，就要靠前辈传授私家秘籍！

　　当然了，这些好处，老板不会明明白白地告诉你——要是说了，谁还专注于业务呢，都去套关系了。老板若是有心栽培你，自然会安排合适的人选在你身边指点你，你愿意学，他们愿意教，老板睁一眼闭一眼，既让你在业务能力上有所突破，也会让你在人际关系发展上面有长足的进步。IQ 和 EQ 同步发展，这可不是所有培训课都有的优势。

这个道理不光针对年轻的职场新人，如果你刚刚跳槽到新的工作单位，你就是"新人"，工作环境是新的，人际关系是新的，各种规定也是新的。即便你对专业已经非常精通，但是到了新环境很可能有新的做法，也不能完全按照老的套路来操作，你还是要向前辈虚心请教。不管是给你指点大方向的导师，还是教你具体操作的师兄，都是值得尊敬的。一位有名的作家以前是某个有名的月刊杂志的编辑，他在回忆自己做编辑的时候说：

我非常怀念那个严厉的前辈。一般的前辈在你稍微出错的时候会说："年轻人嘛，这也是没办法的事。"或"工作经验少嘛，出错是难免的。"只有那个前辈斥责我说："笨蛋！重做！做到好为止！"当时我很生气，为了证明自己并非无能，为了要干出点成绩来让那个前辈看看，我就拼命地工作。现在回想起来，那个前辈的严厉对我来说真是一笔难得的财富。

在工作上经常给予自己提醒和警告的多是前辈。前辈提醒和警告自己时的说话方式和态度，自己当时可能难以接受。可是，前辈能直接给予提醒已是很难得的了。

如果你想成为一个出色的职场丽人，那么一定要记住，不管你性格是内向还是外向，是否喜欢与他人分享，在工作中，一定要学会跟"前辈"沟通。就算是早一个月，他也是"前辈"！你要相信自己的经验不够丰富，切忌想当然地处理问题，应多向他们请教。在"战略上藐视前辈，在战术上重视前辈"，把他们的绝活儿全学到自己身上来，你就能够超越前辈！

❤ **闺房私语**••○

很多时候，老板不会向你说明谁是导师、谁是师兄，这需要你在日常接触中自己去"悟"。一般来讲，业务能力强的人适合做你的师兄，人际关系高手适合做你的导师。他们皆听命于老板这位幕后"校长"，如果你能够跟他们保持良性互动，老板很快就会从他们的口中知道你的名字啦。

3. 在老板那里学到东西，或者收获教训

> 勇敢有时候是讲一种心灵的定力。现代社会很大的悲哀，就是我们越来越学会用脑子生活，而缺乏心灵的能力。什么是真正的勇敢？勇敢是每临大事从容不迫，找到自己的出路。
>
> ——北京师范大学教授于丹

说好老板是一所好学校，那么，在学校里除了学到东西，还要收获教训。我们前面说过，并非所有老板都是好老板，坏老板遍地都是，他们可能用虚假的合同蒙你，可能克扣你的工资奖金，可能

剥夺你的节假日，可能对你完全没有情感，只是赤裸裸的雇佣关系。如果遇到这样的倒霉事，你大可不必怨天怨地怨运气，不妨把它们当成人生历练的必修课程，从中总结出更多的宝贵经验。

打个比方吧，现实中，很多姐妹是不关注劳动法和公司条款的。女性朋友们喜欢感性认识的东西，说明书、文件这种条条款款的东西经常让我们头疼。而我们的权益，也恰恰在这个过程中丧失了。劳动法姑且不谈，单看公司的劳务合同、管理章程和员工守则吧，相信很少有人会逐字逐句地去研究。这些文件都是公司起草的，主动权当然掌握在老板手里。老板当然是把自己的利益摆在第一位，然后再掺进去一些貌似优惠的诱人款项，好让员工乖乖就范。从本质上来说，合同、条款都是陷阱套陷阱，也可以说是擦边球、钻空子的高手制定的圈套。你一不小心掉进去，可能就出不来。是否依靠这一纸文书沾员工的便宜，跟老板的"人品问题"有很大关系。

有一次，我的一位闺密要离职，但是她的领导死活不肯放人。她央求了半天，罗列了一堆"苦衷"，领导还是说她不应该在这个时候离开，还拿出了公司条款威胁她。

赶上这场面，要是我可能就被吓蒙了，我这闺密可不是好惹的，她接过条款，不慌不忙看了起来。看了半天，她却笑了，原来她发现按照条款上说的，自己完全是有理的。反正是要走的人了，她也毫不客气，把条款往老板面前一推，说"您再仔细看看吧"。领导用了最后的杀手锏仍然不管用，只好摇着头无可奈何地将她"放行"了。

当然，我并不支持她这种辞职就翻脸的做法，但是利用条款保护自己这一点，她还是让我自叹弗如的。后来我是说，你还真行，知道怎么"以其人之道还治其人之身"。她苦笑说："我当时嘴硬，其实心里怦怦地打鼓呢，没想到会有这样赖皮的老板！"

后来，这位闺密跟我说，她吸取了这次教训，跟新公司签约之前，扎扎实实研究了他们的用人合同，还就其中的疑点难点专门找人做了咨询，然后才敢签约。真是一朝被蛇咬十年怕井绳。老板的人品、操守我们无法保证，好歹白纸黑字可以作为我们讨公道的凭证。

闺密的故事可以给广大职场姐妹一个启示，**遇到"坏老板"了不要忙着咬牙切齿，还是要往积极的方面想，从中吸取教训，学到东西**。如果公司非常正规，有正式的合同、协议等文件，我们可以利用它为自己争取权益。但是现在职场动荡，非常不稳定，高等学历的人就业都成问题，所以很多公司投机取巧，不跟员工签署正式合同，只是口头达成协议，工资待遇等等只是口头允诺。这种情况下，公司多半会以资金困难为由赖账。遇到了这种流氓老板，我们就得咨询律师，用相应的劳动法条款来保护我们的权益。这一点，可以参考"事实劳动关系"相关的法律内容。

❤ **闺房私语** .... ○

我们常说"是可忍，孰不可忍"，这"忍"有两层意思。一是"忍受"，二是"继续做下去"。前者意味着无可奈何地承受自身的痛苦。当有人侮辱你的时候，虽然心里很想给对方一巴掌，但还是会忍住这种冲动，装作没有听到，这是"忍受"。后者表示不屈服于种种障碍，继续不停地做自己分内的工作。如果你想找到好老板，一味"忍受"是不行的，更要懂得如何"继续做下去"。如果坏老板的所作所为已经让你没有必要继续在他的企业做下去，就不要忍受他了。

4. 跟成功人士在一起工作，就是一种潜在福利

> 没背景没后台的人常常巴望着得到贵人相助，这种被动的等待只能是徒劳。主动寻找贵人才能获得成功。
>
> ——雅芳全球董事会主席钟彬娴

成语里有个"狐假虎威"的故事，一般用做贬义词，形容那些依仗别人势力给自己拉风壮胆的人。其实反过来想想，身在职场，能跟成功人士站在一起借用他们的光环也没什么不好。有位著名的社会科学家游历世界最著名的国度，遍访各行业最顶尖的名人，总结出他们成功的一个关键是："**成功环境创造成功人生。**"这就是著名的生态圈法则。**和什么人在一起，决定着你的思维。在不同的环境，你将获得不同的机会。**

换句话说，你想经商，就和企业家在一起，学他们致富的思路；你想升官，就跟大官在一起，学他们的谋略；你想在企业里做到高层位置，就去研究前辈们的职场心得。总之，你想成为狼，就不要总跟温顺的小绵羊在一起，你要找到狼群，找到组织！美国石油大亨洛克菲勒就曾说过："好的创富环境是无价之宝，我愿意牺牲太阳底下的任何东西去争取它。"难怪有人说，更成功人士在一起工作，就是一种潜在的福利。如果你的老板恰恰是这样一位成功人士，你就好好跟他学习吧。

　　雅芳 CEO 钟彬娴被《时代》杂志评选为全球最有影响力的二十五位商界领袖之一，她在职场中如鱼得水，在四十岁出头就成为美国商业顶尖级的大腕，关键就是沾了职场"大树"的光。大学毕业后，钟彬娴一无背景、二无后台，去了鲁明岱百货公司做她喜欢的营销工作。

　　在那里，有一位人人羡慕的女性成功者——布鲁明岱有史以来的第一位女性副总裁法斯。法斯是一个引人注目的女性。她自信、大胆，敢说敢做。不但在职场上步步高升，而且拥有美满的家庭生活。这样一个成功且人人瞩目的女性自然是众多渴求成功的人寻求贵人的目标。同样，钟彬娴也将她视为了自己的贵人。钟彬娴对自己说："我就要成为这样的女人！"

　　自从将法斯选定为自己所寻求的目标后，钟彬娴就开始想方设法接近她。每个人都希望别人欣赏她的成功与能力，钟彬娴就经常以一个学生的态度去请教法斯工作上的方法与经验。这不仅是一种接触，也是一种学习，可以让钟彬娴的知识更加充实。她以自己真心诚意的关怀与热情去赢得法斯的好感。不久以后，法斯就把钟彬娴当成了心腹，并力排众议地提拔她。钟彬娴先是被提升为采购部经理，并在接下来的几年里一路高升，刚刚二十七岁的她已经进入了布鲁明岱公司的最高管理层。

　　在钟彬娴进入布鲁明岱最高管理层不久，法斯悄悄告诉钟彬娴，玛格琳百货公司以 CEO 的高位邀她加盟，她已经答应了。钟彬娴立刻面临着自己的事业刚刚起步，还未站稳脚跟，而法斯又是自己努力争取到的贵人，是继续留在布鲁明岱呢，还是跟着法斯一起跳槽的艰难选择。她不禁犹豫起来。但是，她很快认识到，既然有这样一位愿意提拔自己的上司，为什么不跟着她的脚步走呢？用钟彬娴自己的话说就是："跟着一个愿意提拔你的上司，你会特别有干劲，我认为这种感觉非常重要，正因如此，我才能达到今天的成熟。"于是，当时的钟彬娴毅然决定跟随法斯一起跳槽！

后来，钟彬娴为了寻找更好的发展机会进入了雅芳集团，在初次面试时认识了普雷斯——雅芳集团首席CEO。当普雷斯问到雅芳是否应该放弃目前传统的直销方式而进军市场销售的问题时，钟彬娴以其个性的思维赢得了普雷斯的赏识。她回答说虽然目前雅芳的销售额呈现负增长的势头，但雅芳由于受传统直销方式的影响，它的市场部人员和销售部人员都没有做好应有的心理准备，不适合立刻进军市场销售。

这个观点在当时来看是错误的，但普雷斯欣赏钟彬娴这种独立的思维方式。于是，钟彬娴成功地把持住了她人生的第二位贵人。他欣赏钟彬娴的才华并盛邀她担任雅芳的销售总监。力排众异，破格让她在董事会会议上发言，与那些在雅芳干了几十年的经理们平起平坐。而钟彬娴没有辜负这棵"大树"的眷顾，终于用自己的实力证明了新老板的选择是对的。

跟着成功人士一起工作就是这么重要。老板给你发工资，给你假期，更给与你学习的机会和开阔视野的渠道。如果你能够紧跟他的步伐，就可以学习成功的方法。这种思维的转变和与贵人打交道的机会，并不是你想花钱就能买到的，所以一定要珍惜。

❤ **闺房私语** ···○

在成功人士身边，你会不知不觉受到很多浸染，甚至包括生活习惯的转变。你可能会放弃又浪费时间又伤身体的打麻将，而选择去打球、游泳、健身等有益于身心的活动；你可能会将夜生活由原来的去夜总会狂唱狂跳而改为去参加音乐会、看电影，或参加一些文化沙龙。而在这种高雅的活动圈子里，你会结交很多有品位、有见解的朋友，说不定他们就是你的贵人，能转变你的一生。也许，你的"真命天子"就现身其中呢。

5. 在工作过程中积攒自己的人脉

> 在商学院的最后一年里，我开始找工作的同时，就着手建立自己的职业关系网。像大多数即将毕业的学生一样，我在商界没有什么熟人，因此不得不从零开始。
>
> ——企业管理顾问艾米·亨利

给老板打工，除了拿薪水、学本领，更重要的一项收获是人脉。在工作的过程中，你无可避免地要接触各色各样的人群。如果你的工作是销售、公关或传媒性质，接触的人更要多，这就可以为你提供积攒人脉的机会。一张名片递出去，一叠关系收进来，这是多么划算的事情！不管中国还是外国，只要你在人的社会里，就需要关系，有了关系就有一切！

艾米·亨利曾在美国一些领先的 IT 企业担任高管职务，取得了骄人的业绩，然后建立了一家管理咨询公司，成为当今美国炙手可热的一位企管顾问。她服务、合作过的公司客户，包括 IBM、摩根大通、美林证券、麦肯锡公司、伊士曼化学公司、斯伦贝谢、蓝十字保险公司等全球著名企业。

这位美女精英兼畅销书作家靠什么取得辉煌的成绩？简单说，人脉。艾米坦言，早在商学院上学的时候，她就认识到了人脉的重要性，并且开始动手建立自己的职业关系网。她回忆说："我有一个详细地记载我找工作的笔记，并且每一页上都写着我想去工作的公司名称。每次我发一封信，打一个电话，或跟某个人谈一次话，我都记下日期、时间、通信的性质，以及接下来的步骤。我有意向的大多数公司，我一个人也不认识。可是我不像其他毕业生那样给人力资源部打电话，而是上网查看公司的网站，找到负责我感兴趣的部门的主管名字。我会直接给这个人打电话，仅仅是为了弄清楚他或她是不是联系这份工作该找的人。不过，屡试不爽的是，那个人或者那个对待我像贵宾一样的助理，会给我另一位需要联系的主管名字。然后，我在与那位主管联系的时候，就会在我的邮件里赫然提到前面那位主管的名字：'您的同事某某建议我跟您联系。'马上就拉上了关系！"

这一切听起来像精于算计，可它就是那么管用！艾米和其他的同学在同一时期内开始找工作，她的薪水却很快超出别人几倍，其中最主要的原因就是她懂得如何靠"关系"拉近自己和招聘人员的距离。

如果你抱怨自己没有像艾米那样接受专门的商学院教育，没有这样跟人主动拉关系的情商，你就错了。林语堂大师曾经说，女人天生就是拉关系的高手，他写道："比方女子在社会中介绍某大学的有机化学教授，必不介绍他为有机化学教授，而为利哈生上校的舅爷。而且上校死时，她正在纽约病院割盲肠炎，从这一点出发，她可向日本外交家的所谓应注意的'现实'方面发挥——或者哈利生上校曾经跟她一起在根辛顿花园散步，或是由盲肠炎而使她记起'亲爱的老勃郎医生，跟他的长胡子'。无论谈到什么题目，女子是攫住现实的。她知道何者为充满人生意味的事实，何者为无用的空谈。"什么是"现实的"？关系！什么是"无用的空谈"？不能带来实际利益的空话！

既然我们有这种拉关系结人脉的天赋，就应该在工作中充分利用一下，带给你领悟、鞭策和力量的导师；带给你感情、安定和多种帮助的师兄；带给你理解、温暖和安慰的同事；带给你机会、赏识和长进的上司；带给你支持、帮助、忠诚和方便的下属；带给你眼界、趣味和更多大小帮助的客户，等等，都是你潜在的人脉关系网。他们不但能够协助你完成工作，还可以为你提供很多情报——甚至是跳槽的机会。

如果这样说，你还不能准确把握谁是你的潜在贵人，我可以给你提供几个标准作参考。

1. 喜欢教导和提拔你的人。他知道你的长处也了解你的不足，他愿意不计酬劳地教导你，指出你的不足、提高你的能力，更能在事业的道路上给与你提携和帮助，这种贵人可是可遇而不可求的。

2. 遵守对你的承诺和约定的人。他遵守和你之间的承诺，而且一定可以做到，因为真正具备贵人素质的人，除了有能力，还更加了解自己的能力，同时只做自己能力范围之内的约定和承诺，并且承诺一旦做出必然就会履行。这种人不仅是人生贵人，更是人生榜样。

3. 愿意相信你的人。相信你的人就不会轻易放弃你，你也就有了更多让自己表现和成长的机会，当然这种信任感还需要你自己去努力培养才行！

4. 乐意和你分担、分享的人。无论苦难还是荣誉都愿意和你分担、分享的人，一定是你的贵人，而这种人一直都在你身边，请淑女们要珍惜了！

5. 会生你气的人。会生你气的人通常都是因为在乎你，一个在乎你的人必定也会是你的贵人。所以在他生你气的时候，你不仅不能抱怨，还得感激才是。

6. 经常唠叨你的人。没有人会愿意去唠叨一个他认为跟自己毫不相干的人，正是因为出于对你的关心和在意，他才不怕浪费唇舌在你耳边念个不停。所以，当有人对你唠叨时，你要做的不是烦躁而是微笑。

所有这些都是你的贵人，不要以为只有那些显贵才可以对自己的成功有所帮助。在适当的时机，任何一个普通人都可以成为你扭转乾坤的贵人。所以，贵人是无处不在的。也因此，对身边的人一定要以诚相待，毫无诚意的点头之交对于我们的成功没有什么太大意义，我们必须通过控制自己的感情为自己创造更多成功的可能。

❤**闺房私语** ●●●●●●●●●●●●●●●●●●●●●●●●●●●●●●●●●●●●●○

台湾女巫薇薇安曾经说过："女人眉毛下面的杂毛是小人，一定要剔除干净，而长长的睫毛是贵人，要加以养护和修饰。"当你掌握了这种"养护和修饰"的技巧，也会贵人满神州。到时候，你想不挣钱，想不成功恐怕都不太可能啊。

6. 职场里快乐满地，可惜你没有留意

> 我相信自己有才华，同时我也有这样的热情。那么，工作就是一种享受生活了。
>
> ——羽西化妆品公司副总裁靳羽西

有道是"自古英雄出我辈，一入江湖岁月催"。不光是男人们会发出这样的感慨，女人也同样感觉：职场催人老。每天在老板、同事、下属、客户之间周旋，一年一年不知不觉就过去了。男人倒是越老越值钱，女人红颜易老，"人生苦短"的滋味儿可是不那么好受。当你看到镜子里自己眼角第一条小细纹出现时，是不是猛然惊觉：原来自己已经耗费了大把青春在职场里。

这些年，你得到了什么，又失去了什么？如果你满脸苦涩，说出来的都是抱怨和委屈，我只能表示同情。因为有很多人在职场中找到了快乐，虽然挫折和失败在所难免，但是只要咬牙坚持过去，就会有柳暗花明的惊喜！

所以，从今天开始，从你翻到这一页的时候开始，你要学会珍惜，学会发现职场中的美。别说什么你"已经过了而立之年，现在开始已经晚了"之类的丧气话，美女林志玲不也是三十岁以后才开始崭露头角的吗？谁也不知道自己究竟几时才能"开运"，现在没"开"不代表以后不"开"，但是如果你现在放弃了，不再努力了，

那可就真的"开"不起来了。与其悲观地日复一日，不如面对问题彻底解决，找出一个可以乐在工作的理由！

如果你遇到难相处的同事，不妨观察其他人是否与你有同样的困扰？若是大家都觉得某人难相处，那就不是你的问题。若是同事总是针对你找碴，先检视自己的行为，若没有错，态度上也没有任何傲慢之处，那么错的是他，你不用难过。

如果你碰到难伺候的老板，就厚着脸皮来个左耳进右耳出。老板总有来自各方面巨大的压力，扛不住了给下属脸色看也是在所难免的。你拿他的工资，其中一部分就是"出卖耳朵"的钱。所谓拿人钱财与人消灾，吃苦当作吃补，有这样的心理准备，自然不需要那么自怜了！当然多点沟通还是必要的，毕竟多了解老板的想法，不但能切合他的需求获得赞赏，也能训练自己的工作能力，提高工作效率，何乐不为？

如果你从来没有改变过，总是在做一成不变的工作，日复一日面对相同的人事物，处理相同的问题，发出相同的无奈，就请检视自己的职务，是不是属于变化性不大的业务，如助理、会计等，这类工作属例行性事务居多，请想一想未来的五到十年内是否仍能忍受相同的工作，否则还是早早转换跑道为佳。

如果你苦恼的是朝令夕改的政策，那么我可以告诉你，在这多变的年代，唯一不变的真理就是"变"，怎么能怪多变的政策呢？若是政令更改并未造成职务上太大的困扰，或是流程虽更动，公司整体管理绩效却大大提升，这时不妨先放下自己的意见以大局为重。反之，若政策更改反倒造成混乱而无实质上的好处，那么恭喜你，因为你不是经营者，毋须承担政策错误所导致的可能损失。

好了，现在，麻烦都解决了，再想想你工作以来的重大收获吧：

几位志同道合的同事，几位好心的主管，几位点拨你的贵人，一笔为数不少的存款，一些职场生存技巧，升职加薪的荣誉若干，培训的机会若干，工作中结识帅哥若干……若还能列出来，哇哈哈，你真的赚到了！恭喜你！

♥ **闺房私语** ⋯⋯⋯⋯⋯⋯⋯⋯⋯⋯⋯⋯⋯⋯⋯⋯⋯⋯⋯⋯⋯⋯⋯⋯⋯○

　　职场中不是缺少快乐，而是缺少发现。某些细碎的烦恼遮蔽了我们的心智，让我们过多关注那些不开心的事。然而，同事的一句真诚的问候，老板的一句鼓励，来之不易的晋升机会，还是会带给你无限温暖，不是吗？

7. 用老板赋予你的理智对待爱情，更安全

> 　　爱上一个人，就容易让你太关注对方，以致忽略自己。这很危险。在一段感情里，你得先保证你自己还是该排在第一顺位。
>
> ——女星艾米丽·布朗特

　　提到恋爱，女人的智商就容易降低到零。我们往往会被男人牵着鼻子走，为他们放弃很多自己已经拥有或者一直想要的东西，我们甚至"倒贴"给他们很多东西。但是到头来你会发现，自己得到的不过是一张冷漠的脸和一颗不知感恩的心。

　　成功的话，轰轰烈烈的爱情会转化为水乳交融的亲情，这就算是 Happy ending。如果爱情没了亲情又没形成，那该关系已经失败。这些道理老人们都会跟我们讲，可是我们不愿听，还说他们自私不懂爱情，只有在自己谈上两三个让你遍体鳞伤的恋爱后才会彻头彻尾地相信。撞了南墙自然懂得回头，怕就怕一直没回头。

　　于是，很多美女开始分享私人心得：用老板赋予你的理智对待爱情，更安全。代表人物，首推热销小说《杜拉拉升职记》的主角杜拉拉小姐。故事中，钻石王老五王伟明明白白地喜欢杜拉拉，杜拉拉却一直半推半就。王伟究其原因，杜拉拉把两个人谈恋爱可能出现的结果说了个明白，恋爱可能带来的好处和坏处她都想到了，如何处理这份爱情才能让风险降到最低，杜拉拉也想清楚了。她觉得，自己真"没劲儿"，这不是在谈恋爱，更像是做生意。王伟却说，三十岁的人就应该这样想，这是聪明，不是"没劲儿"。

　　杜拉拉不是没有投入地爱过，她有过一个男朋友，爱了六年，人家说出国就出国了，临走还给杜拉拉讲："对女孩而言，青春苦短，守着一份变数太多的爱情才是最大的危害。"这话给了杜拉拉重大启示，当即表态同意分手。

　　前男友还教会了杜拉拉用职场中经常用到的"SWOT 分析"来对待爱情。SWOT 杜拉拉并不陌生，但用它来处理爱情问题，还是第一次遇到。凭着她的聪明，她不但熟练掌握了这套方法，还严丝合缝地用到了王伟身上。

　　SWOT 分别代表：strengths（优势）、weaknesses（劣势）、opportunities（机会）、threats（威胁）。这种分析法就是把优势、劣势、机会和威胁综合起来考虑，然后得出结论，以实现利益最大、损害最小的目标。在对待王伟的爱情上，杜拉拉知道，王伟的优秀、他们的两情相悦就是优势；公司明文禁止内部恋情，这就是劣势；两个人保密工作做得怎么样，这是机会；一旦恋情泄露，给两个人带来的最坏结果是什么。综合考虑了这些，杜拉拉才接受了王伟的示爱。一般男人听到这些怕是要吓坏了，王伟却显得挺高兴，还夸杜拉拉聪明、周全。看来这两个人还真是天生一对。

到了一定年纪，女人就应该明白，谈恋爱的条件，就是让自己从精神到物质，从灵魂到肉体，因为有了对方都比从前的状态更好。否则何必呢？ 如果男人现在对你一般，不要指望他会在婚后对你更好，他对你最好的时刻一定是追求期和热恋期。如果这两个时期你尚且对他不满，那你要好好想想了。不妨让他为你多花点时间和钱，通常人投入的越多，就越难割舍。

很多姐妹是看着徐志摩的诗长大的，都为那句"我要寻找唯一精神之旅伴，得之我幸，不得我命"唏嘘不已。其实，下定决心两个人最终过起日子来，也就"那么回事"。再清高的神仙眷侣到了一起都是商量柴米油盐，现实到极致。倒不如从恋爱的开始就展现自己"现实"的一面，免得相处久了让对方失望地惊呼"你怎么变成这样了"。你要告诉他，你一直就是这样。理智没什么不好，至少可以让自己损失小，不受伤。

❤ **闺房私语** ●━━━━━━━━━━━━━━━━━━━━━━○

在职场里，你需要理智地跟老板斗智斗勇。在两性关系里，你仍然需要这种智慧。我不是教你使诈，实在是怕你受苦受累受委屈。韩剧里那种疼你爱你对你无微不至的好男人是不存在的，即使有那样的好男人，也是理智的好女人一步一步调教出来的！

8. 在职场中磨砺性格，对婚姻也有所帮助

> 我都可以跟路人表现出亲切感，在他们面前装好人，那么我为什么不可以对我最亲爱的人亲切，让所有我爱的人，知道我很爱他们。
>
> ——艺人小 S

如果你留心观察一下那些事业有成的女人，你会发现她们都有很好的性格，即使是"铁娘子"，也会有温柔的一面，不会永远冷冰冰一张臭脸摆给人看。在这样的女人面前，即便她犯了错误，你不会忍心责怪她；即便她说你两句，你都不忍心生气。这就是好性格的魔力。

拥有一个好性格，你就受人喜欢，受人尊敬，办事顺利；没有它，你就得多走弯路，多吃亏。80 后，甚至 90 后的孩子多为独生子女，在家里受父母的呵护，在学校里老师又不敢过于苛责，所以容易形成一种以自我为中心的性格，不考虑别人的感受，任意表达自己的观点，不分场合地把喜怒哀乐呈现出来，甚至有人把"张扬个性"、"另类怪异"的作风带到职场里，这就是"性格"的后天塑造功课没有做好。

每个人生下来，受到家庭环境和生活环境影响，都会形成某种思维习惯、生活习惯、行为习惯，把这些因素综合在一起，就会塑

造出一种特有的"性格"。一般人会觉得性格是"胎里带来的"，改也改不了，所谓"江山易改，本性难移"，其实不是这样的。性格有一部分取决于先天，更大的一部分却来自后天塑造。你在学校里、社会上、职场中跟各种各样的人接触，受他们的影响，不知不觉就会把原来的"真性情"改掉几分。特别是那些脾气急躁、粗枝大叶、男孩子气的女生，在职场中锤炼得久了，会对这些女孩大忌有所收敛。

那么，对于一个女人来说，究竟怎样才算是好性格呢？我把它概括为：自信、乐观、宽容、负责。其实还有很多其他的，我是挑选了这四点最为重要的来说。

有信心不一定能够赢，没有信心必然会输。这是社会上的永恒定律。心里有自信的女人，不用整天张狂霸气，高呼女权至上；也不用整天向男人发出战书，或者摆出一副"皇帝轮流坐，今年到我家"的进攻态度。自信使她们自然而然地发出微笑，永远给人春风拂面的温暖感觉，不用宣扬什么，就让人相信她很优秀。这样的力量犹如"百炼钢成绕指柔"，是一种不动声色的女性强势。有了这种自信，在处理你和男朋友、老公的亲密关系时也能拿捏得恰到好处，你不需要整天疑神疑鬼怀疑他有了新欢，即使有别的美女勾引他，你也能笑对情敌。

乐观是女性必须具备的另外一种性格。女人，本来就应该是美的，是让人赏心悦目的。这不仅仅靠衣着服饰体现出来，表情和语言更重要。一个整天担惊受怕杞人忧天的女人不可能漂亮，西施、林黛玉呈现的都是病态之美，她们只能活在深宅大院里被男人当宠物一样养着，却无法到职场上与人争高下。只有被乐观情绪浸染的女人，才能给人传递温暖的力量。当同事遇到不开心的事情，或者遭遇事业低谷时，你理智地帮他分析局势，用乐观的语言开导他，他就会觉得你是最美、最好的职场伙伴。同样，用你的乐观感染男友或者老公，让他见到你就把烦恼抛到九霄云外，你们的关系势必水乳交融。

宽容，是女人的又一项美德。一般说来，男人比女人更容易做到这一点，因为女人天性使然，容易小心眼、爱虚荣、妒忌别人——尤其是女人。越是这样，职场女性越是应该努力克制自己，不要为一点点小事损伤和气。有些女孩子初入职场的时候总希望别人宽容自己、关照自己，却永远看别人不顺眼，一旦她成为主管，更是严格要求下属，这样做是会招来反感的。上善若水，而女人给人的印象就应该像水一样容纳百川。如果你能够克服"小肚鸡肠"的性格缺陷，做一个心胸坦荡、宽宏大量的职场女性，定会比别人多几分成功的机会。好，既然你能够以海纳百川的姿态对待身边的同事，为什么死抓着男友、老公的错误和缺点不放呢？给他们松绑吧，他们自然会对你感恩戴德的。

最后，我说负责。胆子小是女人的天性，这个特点表现在职场中就是逃避责任。逃避责任有很多种表现，做事不认真，忽略细节，出了问题开溜，撒娇耍赖不认账。这些缺点中的任何一个都会给你的竞争对手落下把柄，造成对你不利的影响。如果你想在职场上立足，就要养成负责的习惯，知道自己在做什么，不符合自己身份的事情坚决不碰，这样才能为自己赢得良好的业界口碑。要知道，洁身自好永远是女人最大的优点，在职场上的好口碑，丝毫不逊于"贞节牌坊"。这一点在婚姻中的体现，主要就是家务活和相夫教子的"操心事"。有些女性朋友结婚之后不喜欢打理家务，她们的借口是"上班已经很累了"。如果你这么说，势必要遭到老一辈公婆的反感，久而久之丈夫也会因为你的"懒惰"而郁闷。虽然你上班很累，但是打理家事这项"职责"不能丢，职业女性依旧有妻子、母亲、儿媳等身份，如果你有责任心，就应该努力把这些身份扮演好，而不是以工作为由逃脱责任。洗衣做饭这种具体的事情，如果你实在没有时间处理，可以由钟点工承担，但是你要负责找钟点工！

总之，好性格是一个女人最重要的资本，也是先天具有的优势。女人如水，可塑性强，只要你愿意改变，就能变成理想中的那个人。小时候，我们都喜欢伶牙俐齿寸步不让的林黛玉，可是她哀哀怨怨，最终得到了什么吗？还是珠圆玉润的薛宝钗如了愿，讨所有人的欢心，最终成为贾府的少奶奶。我知道，打磨自己的个性是件痛苦的事，是个长时间的事，就像拔掉自己身上的刺。但是反过来想，适当地拔掉一些刺，这样你就可以脱胎换骨，成为人群中处处受欢迎的人，成为老公最珍爱的妻子，这不是很划算么？

❤ **闺房私语** ·······························○

如果你实在觉得"转型"太难，就从小处开始，比如说，胸襟宽广一些、豁达一些，不与人争执，见到同事领导时主动打招呼，尽量克制自己不发脾气，等等。你还可以在桌子上放一面小镜子，时不时照一照，微笑的自己比凶巴巴的自己漂亮多了，是吧？

★ 高跟鞋行动

1. 每个星期、每个月、每一年都要为自己做个总结。如果始终处于原地踏步的状态，你就需要问问自己：究竟是自己没有跟老板学到东西，还是老板不肯培养你。如果是你的问题，一定要改正；如果是老板的问题，一定要炒掉他。

2. 遇到出尔反尔、丝毫不讲信誉的老板，没有什么好留恋的，果断离开就是了。但是，一定要收获教训，下次找工作的时候不要被老板们轻易许诺的奖金诱饵迷惑，要知道诱惑越大，陷阱可能越深。

3. 如果身边有很优秀的男士或女士，不要嫉妒，不要排斥，一定要大方地接近他们，向他们学习成功的经验。

4. 跟身边的领导、上司以及下属都保持良好的关系，说不定什么时候，你就会用到人家。

5. 在感情上斤斤计较没什么不对，保护自己是女人的必修课。如果你懂得理智地处理职场中的事，就应该懂得理智地对待感情问题。职场需要经营，婚姻亦然。

6. 跟朋友聚会的时候，尽量不要比较谁挣的钱多谁挣得钱少。只要你是自食其力，就没有必要觉得自卑。如果你真的很羡慕那些比你挣得多的朋友，就问问他们钱是如何挣来的！

第四章

好老板需要你"管理"出来

　　"管理"只有老板对待下属？你out了，下属也是可以"管理"老板的。你除了拼命工作、谨守本分，也需要懂得一点跟老板的相处之道。在中国，只要人际关系好，做事就可以事半功倍。这个道理同样适用于职场。只要你跟上司相处得好，关系融洽，同等条件下，你就比其他人多了几分升职加薪的机会。"管理老板"其实就是协调你和老板之间的关系，让你们之间尽量减少鸿沟，保持良性互动和高效的沟通。你还在苦苦加班以量取胜吗？你还在忿忿不平诅咒那些攀高枝的人精吗？还是别费力气了，翻开这一章，学习如何让老板信赖你，如何成为老板眼中的红人，如何让老板主动给你升职加薪。

1. 很多女人，从小就中了"优秀"的毒

> 做完蛋糕要记得裱花。有很多好的蛋糕，因为看起来不够漂亮，所以卖不出去。但是在上面涂满奶油，裱上美丽的花朵，人们自然就会喜欢来买。
>
> ——作家黄明坚

很多女孩子，从小就受到一种"蛊惑"，它的名字叫"优秀"：在幼儿园里要表现优秀拿到小红花；在小学里要表现优秀争取戴上红领巾；进了中学要成绩优秀才有希望考上大学……即便是考上了大学，也要品学兼优，为奖学金而努力奋斗。不知不觉，我们二十几年的生命就为了两个字而奋斗：优秀。似乎你优秀了，这个世界才会接纳你。不错，优秀的人是受欢迎；但是没有人规定，优秀的人一定受欢迎。

你工作积极肯干，质量和效率都很高；你靠一技之长升职加薪，却只能达到中层的位置，就再难以前进。仔细地分析个中原因，就是你不懂得"邀功"。我们从小受着革命教育长大，似乎"做一颗永不生锈的螺丝钉"默默无闻地奉献才是职场人的本分。殊不知，**要想在人才济济的大公司破土而出，苗壮成长，必然要考虑其他的因素和条件。你应该有敏锐的判断力和观察力，应该了解你的同仁，**

深知你与上司之间的关系，以及他们对你的看法。

有些姐妹把向上司汇报工作看作是一件微不足道的事情，甚至与溜须拍马、阿谀奉承联系起来。她们天真地认为只要出色地完成上司安排的任务，就万事大吉了。上司自然会看到自己的成果，自然会作出公正的判断。但实际上，她们往往得不到应有的重视，常与加薪和晋升的机会失之交臂。

要知道，默默地完成上司交给的任务，已经不能满足职场竞争的发展需要了。出色地完成任务仅是一个前提，你还要把你的成果主动展示给上司，才会提升你的竞争力，才会获得上司的赏识。你努力让自己做到"优秀"，是不够的，还要让上司看到你的"优秀"。做一头默默耕耘的老黄牛，上司容易忽视你的存在，如果你能像鹦鹉那样把成果说出来，自然会引起上司对你的注意。"黄牛"型的员工固然令人尊敬，但跟"鹦鹉"型的员工竞争，明显要吃亏。

作家黄明坚为此作过一个形象的比喻："做完蛋糕要记得裱花。有很多好的蛋糕，因为看起来不够漂亮，所以卖不出去。但是在上面涂满奶油，裱上美丽的花朵，人们自然就会喜欢来买。"

所以，你一定要主动向上司汇报你的工作成果，如果你完成的是一件特别棘手的任务，更应该及时向上司汇报，让上司在分享喜悦的同时，了解你的工作能力和聪明才智，给上司留下深刻的印象。

向上司汇报工作，并不是想象中那么简单，只管找到上司陈述就可以了。它有一定的技巧，而掌握了汇报的技巧，会使你的工作锦上添花。你需要注意以下几点：

1. 开门见山，先说结论。一般来说，上司都很忙，没有时间听你的长篇大论。如果你的汇报过于冗长，很可能会引起上司的反感，这样就会得不偿失。所以你要先说结果，而不是去描述过程。比如：

"经理，我联系的那个香港大客户，已经顺利与我们签订合同了。"

2. 精炼地说。如果上司感兴趣，或者时间允许，你可以拣精彩的部分向上司陈述。比如："我去那个港商下榻的酒店，一共去拜访了六次，那个港商终于被我的诚心感动了。"

3. 汇报要及时。汇报也具有时效性，及时的汇报才能发挥出最大的效力。当你完成了一件棘手的任务，或者解决了一个疑难问题的关键，这时马上找上司汇报效果最好，拖以时日再向上司汇报，上司可能已经失去对这件事情的兴趣，你的汇报也有画蛇添足之嫌。及时向上司汇报，还会使你与上司建立良好的互信关系，上司会自动对你的工作进行指导，帮助你尽善尽美地完成工作。

说得再多也是纸上谈兵，姐妹们终须到实战中演练。在汇报这件事上，沉默可不一定换来金子，很可能让你损失"金子"。所以，你还是像烤蛋糕一样认真准备你的汇报材料吧。记得，香喷喷的蛋糕烤好了是要裱花的呀！

❤ **闺房私语** ···○

有些小心眼的老板最怕下属压过自己的风头，如果他看到你战功卓著、业绩超群，会误以为你在向他挑衅，甚至会担心你威胁到他的地位，很可能给你小鞋穿！所以，注意一点，向老板汇报工作，一定要用"陈述"语气，尽量表现得恭敬，千万不要有"炫耀"的意思。

2. 如果你不会算计老公，那就算计老板吧

> 完美的女人应该心与智一样出众，这不是要求你得有过人的 IQ，但一定要做有头脑的女人，有一颗善于反省和感悟的心。
>
> ——MTV 音乐电视频道中国区总裁李亦非

我知道有一种女孩子“太懂事”，谈恋爱的时候不会对男朋友提太多要求，甚至结婚之后都不会主动让老公为你做什么。这样一种不善于索取的性格，可能会塑造出“贤妻良母”，但是把这个习惯带到老板面前，你就要吃亏了。前文我们说过，你跟老板之间是一种契约关系，你完全可以理直气壮地向他提出你的意见和要求。如果你担心伤害到你和男友、老公之间的感情而不向他们提要求，在老板面前则完全不需要这样的顾虑。

也许有人要问了：难道我向老板提要求，他一定就会答应吗？我可以很明确地告诉你，只要你掌握了察言观色的技巧，善于揣测老板的心思，挑一个恰当的场合提出你的要求，十有八九能够成功。

女人通常被批评为“敏感”、“多思”、“小心眼”，其实，这个不一定就是坏事。在职场中，我们可以充分利用这个特点，成为察言观色的行家。都说魔鬼存在于细节当中，一旦我们抓住了这个“细

节"，就可以让"魔鬼"乖乖臣服，让骄傲的老板成为"好老板"。

沟通学者的研究发现，我们在沟通时，有7％的效果来自于说话的内容，38％取决于声音（音量、音调、韵脚等），而有55％取决于肢体语言（面部表情、身体姿势等）。所以，在解读老板的心意时，重要的不只是听他说了些什么，而是他怎么说。另外，专家也发现，肢体语言往往比口语沟通内容更具可信度。换句话说，要伪装语言符号容易，但伪装身体符号就困难多了。也就是说，作为一个聪明女人，你可以读出老板的肢体语言透露出来的信息。

如果你能做到这一点，就可以一边观察老板，一边在自己的心里打如意算盘，知所进退，进而圆满实现目标。

具体怎么做才能读透老板的情绪？

1. 看脸色。心理学家发现，人类至少有六种与生俱来的原始面部表情：喜悦、悲伤、厌恶、愤怒、惊讶、恐惧。通常在两岁之前，我们就已经能够用脸部表情来表达这些原始情绪。即使一个小孩又盲又哑，仍旧会有这些情绪表情。而你我"看脸色"的功力也是自幼就养成的，在四五岁时，我们就能辨认一半的面部表情，而到了六岁左右，看脸色的正确度就达到了75％，很神奇吧？

至于辨认表情的诀窍，则在于分析脸部的几个重要线条：嘴角（上扬或下垂）、嘴型（张开或紧闭）、眉毛（上扬或下垂）、眼角（上扬或下垮）、眼睛（睁大或微眯），以及额头（眉毛上扬到额间有横纹，眉头紧簇则眉间有直纹）。而我们之所以能区别这些情绪，是因为我们知道，某些脸部区域对辨认某些情绪特别重要。例如，以悲伤与恐惧而言，眉毛及额头就特别重要；而厌恶与喜悦的情绪则以嘴巴的表情最有意义。如高兴时嘴角后伸、上唇提升、两眼闪光，即笑容满面；而愁苦时则眉毛紧皱、眼睑下垂、头部低垂、呼吸缓慢微弱并不时发出叹息声。

2. 观察肢体语言。要正确地解读肢体语言，需先了解几个原则：（1）肢体语言反映的，通常是一种生理状态（例如背痛）或一时的心智状况（例如沮丧），而不是更常态性的人格特征。因此，用肢体语言来判断一个刚见面的人的性格，其实风险很高。比如说，他蜷着上身究竟是因为今天胃痛，还是他很没自信？（2）不同的情绪，往往可能会经由类似的行为来宣泄，例如眼神接触不佳可能代表不诚实、无聊、紧张、生气或傲慢，所以，千万别死记每个单独动作的意涵，而是要看整体的套装行为来做判断；（3）"一致性"是解读肢体语言的关键。美国 FBI 在训练调查员时，强调要看的不只是"他做了什么"，更是"他改变了什么"。如果对方一直低着头状似沮丧，此时突然因某个问题而激动抬头，那这个改变就值得大大解读。

3. 把观察到的现象与日常经验结合起来下结论。很多人对"工作经验"不屑一顾，认为这是管理者的用人偏见，其实，有这种心理的人才确确实实有"偏见"。经验的价值是无可替代的，它可以帮助你形成更加准确客观的判断。有些女孩子喜欢研究生肖、星座等，自以为看了几本"相面"、"揣摩术"之类的书就可以看透老板的心，殊不知老板们更是熟谙此道，更加善于用假信息来迷惑别人。如果你只知道观察，却不懂得加以分析判断，就会上当受骗。相反，如果你有足够的常识，就能够看出其中的破绽。

很多人想知道："成功人士与我们有何不同？"我可以明确地告诉你，这个不同之处就在于，他们能够时刻注意那些人们不曾留意的细节，并以此来判断做事的时机。时机对了，再困难的事也能迎刃而解。

❤**闺房私语**⋯⋯⋯⋯⋯⋯⋯⋯⋯⋯⋯⋯⋯⋯⋯⋯⋯⋯⋯⋯⋯⋯⋯○

很多年轻的小姑娘，自恃才华横溢，思想活跃，做事勤奋，有良好的职业道德，却不愿意在沟通方法上多费精力，更不屑揣测老板的心思。正因如此，她们容易遭遇不可突破的"玻璃顶"。相反，让我们充分发挥"敏感"天性，拿出"追查男朋友手机里的暧昧短信"的劲头来观察老板身边的蛛丝马迹，我们一定可以掌握别人没有察觉到的信息和先机，并以此获得主动权。

3. 求同存异，才能和谐

> 每件事我都要做到百分之百，只有这样我才满意。我会对自己说，事情是我做的，我自己负责任，是好是坏都是我。如果我错了，绝对不会责怪别人，如果肯定是别人的错，我也绝对会不留情面地指出来。
>
> ——女星桑德拉·布洛克

永远点头的下属不是好下属，只会说"是"的员工早晚会招人烦。老板的意见不见得永远对，如果以你的经验判断，他的话确实存在欠妥的地方，你可以婉转地向他提出异议。当然了，还是要讲究方式方法。想对老板说"逆耳忠言"是一门大学问，要摆正心态，更要学会技巧，老板毕竟是老板，你要学会维护他的尊严，这样才能取得预期的效果。

我们知道，唐朝有个魏征，是出了名的谏臣，看皇帝有做得不对的地方总是直言不讳，不管皇帝在做什么。有一次，唐太宗正玩弄自己的一只宠物，魏征担心他玩物丧志，唠唠叨叨给他讲了一大通道理。唐太宗把宠物藏在自己的袖子里，待到魏征离开的时候，宠物已经活活闷死了。不是每个老板都有唐太宗这样的大人大量的，更多的老板禁不住下属的反驳和异议，会当场翻脸。所以，如果你的意见跟老板相左，最好婉转地表达出来。

安然刚进某公司负责广告宣传工作不久。一天，她将一个经多次修改后的新产品广告文案提交给经理，经理看了看只有二十多岁的安然，又粗略地看了看广告文案的内容，表情有些轻蔑地说："做广告就要做出创意来，这个广告太直接了，简直像街头叫卖，我认为要将它做得艺术一点、含蓄一点好些，你拿回去重新做过一个文案给我吧。"

换做其他的女孩子，可能已经被上司的三言两语说得愤愤不平了，一项以"达人"自居的安然却显示出与众不同的老练和沉着，她并没有直接反驳经理的指责，也没有用"虽然……但是……"这一模式，而是反问："经理，可以请教一下一个新产品刚刚上市时广告的目的是什么吗？"

经理回答说："让消费者尽快了解新产品。"

"那怎样才能让消费者通过广告迅速地了解新产品呢？"

经理一时不知怎样回答才好，僵在那里。安然瞅准了时机连忙说："经理，广告的灵魂在于创新是无可厚非的，可对我们这个新产品来说，消费者对它一无所知，目前的广告目的就是要让消费者迅速地了解到新产品的特性，我认为用直接的广告表现手法最好，直接的广告表现手法虽然缺乏创意，但可以直接将信息传达给消费者，这似乎是最有效的方法。当然，这只是我个人的一些不成熟观点，说得不对的地方还请经理指正，而如果您最终认为用艺术性的表现手法好的话，我会拿回去再做一遍的。"

经理听后非常高兴，对她当即大加赞赏。

我们来看看安然说话的技巧表现在哪里：她首先肯定了老板的说法是正确的，先表示自己是个"听话"的下属，然后再迂回地把自己的想法说了出来，并使老板认可了自己的观点，成功地说出了"不"字。这种迂回说不的方法是许多人常用的，也是比较有效的说"不"技巧之一。

另外，还有一种向老板说"不"的办法，就是说"不"的同时给出解决问题的方法。上司说往东，你偏偏要往西，你就得给出往西的理由，这个理由必须充分估计到上司的利益需求，确保说出之后他能够乖乖上"套"，否则，你将有惹麻烦上身的危险。

在老板面前，你可以提出"不和谐"的声音，但是你必须充分考虑到上下级的关系问题。作为上司，在下属面前最注重"面子"，不管你为什么说"不"，只要能够保全他的面子，就不会"死"得很难看。上司的意见给出之后，无论与你的预想相差多远，你都要先点头、再摇头。点头是为了维护他作为上级的尊严，摇头是捍卫你自己应得的利益。

这几年流行"和谐"，夫妻和谐，师生和谐，上下级和谐，总之，社会上各行各业、各种各样的人都需要和谐。"和谐"究竟怎样实现呢？和谐不是一边倒，而是求同存异。允许"不和谐"声音出现的老板才是好老板，这样的雇佣关系才是和谐的关系。这些技巧需要我们在"管理老板"的过程中循序渐进地摸索出来。

♥**闺房私语**

当你提出异议时，一定要有理有据，让人信服，并且给出可行性的方案。让对方的挫败感越少越好，不受尊重的感觉越小越好。决不能让老板感觉丢面子，伤感情。

4. "绵羊天使"胜过"母大虫"

> "暂停"这个词我一天要说上四百万次。毫不夸张地讲，只要感到情绪出了一点小波澜，我就会在心中默念。
>
> ——女影星伊娃·门德斯

现在的职场主力是 80 后的天下，这一代人的"名声"不好，娇气、私自、怕吃苦、不合群、禁不住摔打。我觉得这些都有待商榷，但是有一点是肯定的，就是以自我为中心，过于强势。

这个"以自我为中心"并不等同于自私。因为是独生子女，所以家里人会给与百般呵护、千般鼓励，物质和精神上的双重丰富让孩子们有了得天独厚的优越感，信心十足，表现在职场上就容易锋芒毕露，咄咄逼人。即便是面对老板，也丝毫不甘示弱。

按理说，二十来岁，恰同学少年，英姿飒爽去打拼是一件好事，但是对于一个女孩子来说，像无所畏惧的堂·吉诃德一样所向披靡、快意恩仇，并不一定是好事。你痛快是痛快，却很容易得罪人，一不小心就会招来忌恨，直至人身攻击。**在中国这个相对保守的社会里，女人的名声与你的职场前途是密切相关的。所以，权衡利弊，我们还是应该适当地收敛风风火火的个性，低调行事。**

老子说："上善若水。"《道德经》里多处提到水、柔、阴这类字眼，所以有人说老子奉行的是女人的哲学。我们不去评论老子，却可以把他的学说接过来为我所用。世人对女人最好的称赞莫过于"温柔如水"，而这种温柔就是一种存在于智慧和从容自信中的力量。拥有这种力量的女人，可以发挥自己的女性优点，并且能利用这种长处，上下沟通，处世圆滑，温柔体贴，让人想亲近。就像小说中的任盈盈，柔中有刚，有才气，聪明伶俐，点子一大堆，武功高强；她精通琴棋书画，很有品位，很有个性，爱憎分明，虽然有时耍点小性子，但是没有人会责怪她、讨厌她。

职场女人需要练就的"温柔"，不是矫揉造作，也不是林黛玉那样的弱质纤纤，而是知冷知热，知轻知重，面容温和，心有坚持。你不用咬牙切齿，却让对手在你面前张嘴时三思而行；你不用暴跳如雷，却让对手听完你的意见后改弦更张。这是一种文化，是一种特有的气质，是自身的内涵，是聪明的指点，是处事的技巧，是积累的经验，是面面俱到的妥帖。这，才是适合女人的职场招数。凭借这一点，你可以成为老板的得力干将，而不是眼中钉。

很多女人说："我生就一副大大咧咧的性格，喜欢直来直去，铁娘子吴仪不是照样受人尊敬？"

没错，吴仪是"铁娘子"，但她老人家不是"铁面"、"铁心"、"铁血"，而是意志坚定如铁，决心坚定如铁，吃苦在前，享受在后，在自己的岗位上做出了铁证如山的成就。这不是所有女人都能做到的。

所以，还是收起"母大虫"的脾气，学学"绵羊天使"吧。不愠不火地处理事情，宽容大度地对待别人。这只是为人处世的一种态度，也是一种品德修养。太极拳讲究"柔能克刚"，女人运用这个原理，就可以用温柔对付那些强悍的上司、老板，而不是把自己打造成"女超人"跟他们对着干。

还有一些女孩子得理不饶人，在男朋友面前牙尖嘴利也就罢了，在职场上也要跟人一争高下，这都是职场幼稚病的症状。我认识这样一个朋友，她曾经在学校的辩论会上拿过很好的名次，在学院里面是出名的"好口才"。正是仗着这份过硬的基本功，她从事了一项跟口才密不可分的职业：销售。大家都认为她很快会成为业界明星，不料这位优秀的辩手在做生意的过程中吃尽了苦头——因为她总是争论。

她从汽车推销员做起，要是有客户挑剔她卖的汽车不好，她就精神抖擞、趾高气昂地跟人家理论。直到顾客兴致全无，悻悻而去，她还洋洋自得地说："哼，总算给他点颜色看了！"

这位朋友确实尝到嘴巴"占上风"的甜头，不过正因为这样，她的汽车一辆都卖不出去，遭到同行的耻笑。老板好心找到她，让她改改脾气，她反倒跟老板"叫板"，说他在顾客面前不能维护下属的利益。老板苦笑着，不想再理她，任其自生自灭。

可是，这样下去，她这个推销员就没有收入。苦巴巴地撑了一阵子，她硬着头皮找到了一位业绩突出的前辈吐露心声，那位前辈很快指出了她"爱争论"的毛病，建议她管好自己的嘴巴，以和为贵，避免与人发生口角。

经过一段时间的课程培训，那个一听反对意见就反唇相讥的"辩论高手"不见了，不管客户的话多难听，挑毛病的角度多刁钻，她都说："您说的没错。"先把客户哄得满心欢喜，然后再说服客户掏腰包。能够赚到钱，老板自然不会亏待她，听说她已经当上了公司的"王牌推销员"，提前奔小康了。

有一次，我在同学聚会上遇到了她。问起工作经历，她哈哈大笑说："我还是原来那个我呀，天生的母老虎，改不了。但是工作嘛，总要讲究方法，谁让咱从事的是求爷爷告奶奶的行当呢。为了从客户腰包里掏钱，我得说尽好话、陪尽笑脸。其实心里一直在骂娘，反正他们听不见。"听了这番话，我们都想：看来这最佳辩手真是成熟的职场人了。

要相信，职场中没有人喜欢太强势的女领导、女同事，老板更是不喜欢刺猬一样的女下属——谁愿意身边放个炸弹呀！

❤**闺房私语**⎯⎯⎯⎯⎯⎯⎯⎯⎯⎯⎯⎯⎯⎯⎯⎯◯

以柔克刚是女人必须尊重的规律，它是那样神奇有效，它是女人的特权。男人要是没点儿强势姿态，会被人鄙视。女人要是太过强势，更会被人鄙视。老板不会主动去捧一个凶巴巴的女下属，就像没有人愿意去捧仙人掌。所以，就算你天生就是"母大虫"，最好也要学着装两声绵羊叫！

5. 提高"撒娇商"，适当偷个懒也没什么

> 你可以坦然地让自己"小女人"一点，没关系，因为你知道，心里那个你很"大"。
> ——歌手蔡健雅

这世界上，男人女人共有的是"智商"和"情商"，女人特有的

是"撒娇商"。会不会撒娇，影响到你会不会处事，会不会做人。

女人生下来就有两样自卫武器，一个是眼泪，一个是撒娇。前者是"物质"的，可以摧毁别人的意识；后者是"意识"的，可以借此得到别人的物质。柳眉轻挑，薄唇微启，声线拉高八度，尾音拖长七分，一个憨态可掬的笑容足可以化干戈为玉帛。

不要以为女人只能对 BF、LG 撒娇，其实，撒娇完全可以成为一种"管理老板"的手段，一种做事的技巧。在老板面前嘟着小嘴嗲一声"老板，您看这事要怎么办"、"经理，我这样处理对吗"之类的软言细语，通常会惹得老板心花怒放，你办起事来自然顺当得多。

这样的女人即使没什么工作能力，但对同事也是左一个"张哥哥，帮我送一个文件去郊区嘛"，右一个"李叔叔，帮我写个材料嘛"，这种暧昧而又不出格的撒娇，在职场上做起事来自然如鱼得水。

然而，"撒娇武器"并非在任何场合都可以使用，在不适当的时候撒娇，随时会自食其果，姐妹们千万要小心。

首先，撒娇，归根结底是个小伎俩、小手腕，私底下用一用当然可以，如果老板本人是个爱开玩笑、不拘小节的人，撒个娇没问题。但是，在一些正式的场合，例如公司周年晚会、款待大客户的饭局等等，就不应该在老板面前胡乱撒娇。这会给人一种轻浮浅薄的印象，甚至会有人怀疑你跟老板有某种超界限的关系。

其次，如果老板的心情欠佳，或者气氛阴霾，你就不要撒娇。想想看，他正因为部门业绩下滑而苦恼，你偏偏在他身边嘀嘀咕咕，他会迁怒于你，说你是光说不练的花瓶，质疑你的实际工作能力。

第三点，要明白"见好就收"的道理。正所谓物极必反，凡事不要做得太绝，这绝对是做人处事的至理名言，就算是撒娇也一样。部门里有那么多同事，都在专心做事情，你凭什么动动嘴就让老板对你网开一面？如果合作伙伴都是男士，也许会迁就你，不跟你计较；如果女同事多一些，势必看不惯你这种讨巧卖乖的举动，这样很容易让你丢失"姐妹缘"，这是很划不来的。

总地说来，爱撒娇的女人很多，但会撒娇的女人却很少。**如果对别人尖酸刻薄、故弄玄虚、小题大做、搬弄是非，这种"娇"一"撒"出来，就会令人生厌，不但得不到别人的怜惜，反而会让人敬而远之。**所以，女人要巧妙地在职场里运用自己特有的"撒娇商"，达到四两拨千斤的效果。

总之，撒娇是一项重量级武器，用好了，一笑百媚生，麻烦全解决，有效指数四颗星，杀伤力四颗星；用不好，东施效颦，画虎不成反类犬，自杀指数五颗星。女人们撒娇一定要"撒"好，要撒出品位、撒出温柔、撒出浪漫、撒出实实在在的"娇气"。如果撒娇"撒"不好，就会变成撒野，那可就大大的不妙了，因为没一个男人喜欢撒野的女人——老板尤其不喜欢。

♥闺房私语 ●━━━━━━━━━━━━━━━━━━━━━━○

跟父母撒娇你能换来一个玩具、两颗糖果；跟朋友撒娇你能得到一个微笑、两次大餐；跟男友撒娇你能得到一个拥抱、两块巧克力。如果你跟老板撒娇，稍不留神就会招来一记白眼、两个跟头。所以，若不是"撒娇商"很高的姐妹，还要慎用啊。

6. 老板喜欢"傻"下属，聪明的女人要露一半

> 只有在年纪增长以后，你才会真正理解"少即是多"的含义。
>
> ——女星安妮·海瑟薇

在学校教育时期，我们通常被鼓励的事，就是如何表现自己的聪明，如何展示自己的才华，老师的认可和优异的成绩就是最终的标准。单纯的环境，客观的标准，当然可以行得通。可是到了职场里，处处暴露自己的小聪明，那就不明智了——尤其是在老板面前。

我有一位师姐，曾经就"装傻"一事向我痛陈革命家史。当时她刚刚担任公司的技术部门经理，新官上任，意气风发，过于顺畅的官运有点儿让她这个职场"老鸟"犯迷糊，总想急着表现表现。上任的第一个月内，她就向公司的大老板指出，公司内部技术部门的管理通路不太顺。其实，这个问题已经存在很久了，前一任经理私下里跟她交代过，但是人家把麻烦丢给她，自己另谋高就了。我这个师姐是出名的"拼命三娘"，眼睛里绝对不揉沙子，专门捡硬骨头啃。她向公司大老板陈述了问题之后，就打包票说："请放心，让我来搞定。"

接下来的半年内，她找了部门总监又找老板，一次又一次跟总

　　监沟通，一次又一次申请经费技术支持，甚至跟自己的上级部门总监发生了几次争吵，竟然真的搞定了。这个战绩让她赢得了公司大老板的表彰，负作用却也随之而来，比如猜忌和冷落。

　　此后，她的上级部门总监经常对她使用这样的句式："你那么能干，相信这件事情你一定能……""你多聪明啊，这点小事怎么能让你……"然后把一堆苦活扔给她，并且拒绝提供任何资源协助。这时，她的"狂热"终于冷却到了正常状态，觉得自己犯了傻。

　　师姐犯傻的原因是当初太逞强，没有充分利用女人装傻的特权。如果当初只是把问题奏报总监，由总监先生想办法，或者被总监先生勒令想办法，一言以蔽之，是在总监先生的引领下把问题解决的，就不会被认为"那么能干"或者"多聪明"了，或许能够得到总监更多的怜爱与帮助。

　　男人惯于争强好胜，劝他们装傻可能抹不开面子，但是女人就不同了。在中国这个男权当道了几千年的社会里，女人被公认为"弱势"。**很多男职员在抢功劳的时候不会顾及女人的"弱势"，但是在论能力的时候总会下意识地贬低女人。既然如此，我们不妨干脆"弱"给他们看。你觉得我弱？那么就由强悍的你来做吧；你觉得我蠢？那么就由聪明的你来做吧。反正做好了功劳是大家的，做不好有厚脸皮的男同事顶着，我们总是不吃亏。**

　　女人在职场里打拼，"笨"一点没关系，最多事情做得差一些，这在职场上不是大罪过。当有人要你当面表态"站队"，要你选择事情的大方向时，有时你可能觉得怎么选择都是错的。这时"装傻"就是最好的选择，这是没法选择时最不易犯错的方法。别担心"装傻"的样子很难堪，即使每个人都看出你在"装傻"，可他们都拿你没办法。没有企业会以"笨"为由辞退员工，站错了队而被老板请吃炒鱿鱼的却不在少数。

小时候看《红楼梦》，喜欢聪明伶俐的史湘云，也喜欢多情又刻薄的林黛玉，最讨厌那个圆滑世故的薛宝钗。可是长大之后，经历了一些世态炎凉，目睹了很多职场风云变换，我开始佩服薛宝钗的谋略，其待人接物极有讲究，且善于从小事做起。元春省亲与众人共叙同乐之时，制一灯谜，令宝玉及众裙钗粉黛们去猜。黛玉、湘云一干人等一猜就中，眉宇之间甚为不屑，唯独宝钗对这"并无甚新奇"、"一见就猜着"的谜语大加赞赏，还"只说难猜，故意寻思"。这一招"装愚守拙"，颇合贾府当权者"女子无才便是德"之训，实为"好风凭借力，送我上青云"之高招。读之而想，不由拍案：绝了！

女人在职场里，在老板面前，一定要适当装傻，要有缺点。一个毫无缺点的人，会遭人嫉恨，会被人敬而远之。如果连老板都对你敬而远之，那你的职场之路就危险了。聪明的人会故意暴露些"缺点"，尤其是无关痛痒的"缺点"，让上司以为他能拿捏住你，让同事以为他们能够"踩"倒你，那才是最安全的境地。但"缺点"绝不可致命，而且不能是你真正的短处，只可以是别人酒桌上的谈资，不能成为别人要挟你的武器。

❤闺房私语 ·······························○

一定要让老板对你"放心"，不要成为他踩踏的目标，那样一来你就永无出头之日了。

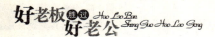

7. 在权力面前，不能因为"不好意思"而轻易点头

> 我身上有根反骨，让我不会屈从于压力或好莱坞权贵！
>
> ——女星伊娃·门德斯

很多职场经验不够丰富的女孩子，瞻前顾后，怕得罪人，更怕得罪老板，所以对一切委屈都逆来顺受。如果你鼓励她大胆说"不"，她会觉得"不好意思"。如果你正是这样的人，要注意改改自己的做事方法了。

一般来讲，我们所面临的请求可能来自部下、上级、同事，或公司以外人员。这些请求可以大致分为三类：一是与职务有关责无旁贷的；二是虽然与职务有关，但是请求的内容不合时宜或不和情理；三是没有义务给予承诺的请求。后面两类我们要主动采取拒绝行为。

同事、下属以及公司以外的人员还好说，如果老板、老板娘向你提出要求，而你又害怕得罪他们，怎么办？在回答你之前，我们先看个例子。

小兰毕业后在一家私营企业做总经理助理。有一天，总经理要她翻译一份重要的文件，强调说很紧急，要求她当天就要完成。正在小兰紧锣密鼓做翻译的时候，董事长夫人来到了公司。她看见办公室的招财树掉了几片叶子，当即责怪小兰："为什么不给树浇水，你太不负责任了！"

小兰觉得特别委屈，因为总经理曾经特别交待过，招财树由他专门负责，其他人不许碰。不过她脑袋很灵光，没有让委屈的神色流露出来，而是机智地说："对不起，是我失职了。我现在手头有总经理交代的很紧急的工作要处理一下，之后我就给招财树浇水。"董事长夫人点了点头，转身走了。小兰赶紧找机会跟总经理说了招财树的事情。听了小兰的汇报，总经理表示非常满意，并对小兰的机智留下了深刻的印象。后来部门有了晋升的机会，总经理发表意见说："我们部门的小兰表现很不错！"

这件事牵扯到董事长夫人的面子、小兰的职责、总经理的命令，如果小兰明确告诉董事长夫人这是总经理的命令，那无疑会让她下不了台，进而受到更加严厉的指责。如果小兰赶紧给花浇水，那么她违背了总经理的命令，还是要受到批评。这样巧妙地周旋一下，既照顾了董事长夫人的面子，又遵守了总经理的命令，又不会耽误手头正在进行的翻译工作，一石三鸟，可谓周全。

其实这是一个很典型的职场背黑锅事情，这种事情躲无可躲时就要去面对。表面上看，小兰受了很大委屈，可是实际上，小兰没有失去任何东西，她只是嘴上向董事长夫人认了个错，就轻而易举地把这件不该她做的事情搪塞过去了。

再举个例子，你正忙着整理第二天重要会议的资料时，你的上司某科长走过来对你说："麻烦，先处理这份文件。"

这时，你不妨把皮球踢到他那一边，反问他，是你正在忙的第二天重要会议的资料紧急，还是他手头的那份文件紧急。

多半情况下，他会说："是这样啊！你正在做的工作不尽快完成可不行，我的这份后做比较好。"如果他坚持认为他的那份文件更重要，你可以问他会议资料耽误了怎么办。他肯定会对你说："制作会议资料的工作稍后我帮你做，大约三十分钟就能完成。"这样一来，你既没有影响手头工作的进展，又不会因为这份意外多出来的工作而增加负担。

记住，不要害怕得罪人就轻易点头，即使是在老板面前，也要学会拒绝。假如你不幸地遇到了"甩手掌柜"型老板，把所有琐碎、没有技术含量的工作都丢给你做，你必须机智地拒绝。你可以告诉他："我真的很想帮忙，但您也看到我的工作已经很多了，实在对不起。"有这一句就已经足够了，实在没有必要再去加一些其他的理由。就算你小时候学过太多助人为快乐的大道理，现在也觉得举手之劳帮一下也没什么关系，这在办公室里可就大错特错了。如果你习惯性地来者不拒，老板就会以为你是"铁打的"，什么事都丢给你。这些工作对你的能力提高完全没有帮助，更不能给你带来额外的财富，只是占有你的时间和精力。更可怕的是，别人都会把你当成"软柿子"，也会陆陆续续把他们分内的工作丢给你，到时候你一个人要干几个人的活儿，冤沉海底了都没人知道！

你要知道，世界上有两种人，重视过程的人和重视结果的人。后者通常都在繁忙的工作中煎熬，而前者则致力把大部分的精力耗费在过程进行中的调配与管理上面。如果你真的想要成功的话，最好是吸取两者的优点。不停工作、无意义地做熟练工、不停重复同一件事等等都是应该避免的，真正想要成功的人就应该去做那些应该负责和有价值的事情。对丰富自身经验没有帮助的事情和影响力低的事最好不要主动去做。当然，如果是你必须做的分内工作那就另当别论，分内事还要尽力完成，如若不然，则多做多错，承揽别人的工作并不能给你带来什么益处。

♥闺房私语 ⋯⋯⋯⋯⋯⋯⋯⋯⋯⋯⋯⋯⋯⋯⋯⋯⋯⋯⋯⋯○

　　无论是迂回婉转的拒绝，还是直截了当的拒绝，都要记住
一点：心中信念不能动摇，脸皮不能太薄。否则，上司的脑袋
轻轻一摇对你说了"不"，你的所有努力可能就会前功尽弃。

8. 在老板面前指手画脚的女人，是个傻女人

> 你永远不要觉得比别人强，也永远不要觉得
> 比别人差。
>
> ——脱口秀主持人奥普拉

　　《菜根谭》有云："雁飞过潭，潭不留影。"意思就是说，雁飞过
了潭，只是在那一瞬间，它的影子会留在潭面上，一旦飞去后，潭
面又恢复到原状。即外面所发生的事，我们当然不能没有反应，但
不要老是拘泥于心，毕竟往事已矣。日本有一首歌，它的歌词是：
"晴也好，阴也好，富士山始终不变。"

　　一个聪明的女下属，应该学着把自己的心思沉淀为沉潭，任雁
飞过，观其影而不为之动容，做到心知肚明，却不张扬。对待某些
具体的事情，要看破其背后的真相，却不说破。你要明白一点，在
老板面前指手画脚的，是傻瓜。

　　为什么这么说？原因有三点。首先，还是老板的"面子"问题。
对于一个管理者来说，被别人比下去是很恼恨的事情，被下属比下
去是更恼恨的事情，被女下属比下去是最恼恨的事情！大多数的人

101

对于在运气、性格和气质方面被超过并不太介意，但是却没有一个人（尤其是领导人）喜欢在智力上被人超过。因为智力是人格特征之王，冒犯了它无异犯下弥天大罪。**当领导的总是要显示出一切重大的事情上都比其他人高明，就像君王喜欢有人辅佐，却不喜欢被人超过。如果你想向老板提出忠告或建议，你应该显得你只是在提醒他某种他本来就知道不过偶然忘掉的东西，而不是某种要靠你解惑才明白的东西。若你不把自己当外人，摆出一副指点江山的架势在他面前出谋划策，即便你是好心，他也会觉得你在炫耀。**

于洋刚从国外留学回来，能讲一口非常流利的英语，在跟外商的谈判中，她时常露脸。相比之下，她的部门经理要逊色多了。

有一次，于洋陪经理参加外商谈业务的 party，于洋得意地跟外商频频举杯，用英语跟外商海阔天空地闲聊，竟把自己的 boss 冷落到一旁。谈得兴起，她还直抒胸臆擅自提出了一些自己部门需要改进的地方，而完全没有注意到经理在一旁愤怒的眼神。

派对之后，于洋还没有在气氛中苏醒过来，就被调到另外一个不太重要的部门。后来她才听说是自己的老板向公司的大老板打了小报告，说小于太浮浅，不适合做销售业务。经朋友的点拨，于洋才知道自己犯了职场忌讳，"越位"是费力不讨好的职场第一傻。在各种场合应当以上司为中心，突出上司的主导地位，如果喧宾夺主，旁若无人，在公众场合抢"镜头"，就会使上司陷入尴尬的处境，上司当然不愿意把这样犯上的下属留在手下。

在新的部门，于洋吸取了教训，再不轻易"抛头露面"，而是老老实实在老板身旁做"护卫"，做陪衬，对上司恭敬有加。与客商谈生意时，她在一旁保持缄默，而在适当的时候为上司"补台"。比如一个关键数字上司忘记了，在上司停顿的瞬间，她及时地提"台词"，上司不但不反感，反而向她投来感激的目光。

这就是处理上下级关系的一个典型例子。在职场上，自己的光彩盖过上司是很愚蠢的，哪个上司都不会喜欢这样锋芒毕露的下属。要想得到领导重用，就必须学会适当地隐藏自己的锋芒。

其次，"低调"是职场通行的潜规则。不管你听到了多重要的消息，受到了多大的打击，发现了多大的秘密，心里有多大波涛在起伏，你都不要轻易表现出来，都要先藏在心里。这样做的原因有二：其一是你心里的事是你自己的，让别人来一同承受是不公平的；其二，你都表现出来人家会觉得你这个人太浅薄，没有"心机"，什么事都沉不住气。

在生活中，能够看破而不说破的人是能够成大事的。此种人并非是卑躬屈膝，装出笑脸，更不是为了奉承上司，强露笑齿，而始终保持自然的神态，喜怒不形于色。没有一定的知识和阅历的人，尤其是刚工作不久的人，是很难做到的。但只要你想做，并不是不可能做到。你每天起床后，或睡觉之前，对自己说一声："我绝不表现出不耐烦的神色。"以此警惕自己。或者是在日记上，仔细写出来，要每天持续不断地做。

当然，有些话一定要说，但是要挑时机、找对象、讲方法。与上司交涉时，要堂堂正正地由正面接触，谈论的道理要证据充分，这样一来上司就不敢不重视你。而且，在说的过程中，你还要委婉折中："我不敢与您强争，否则会伤感情，但请您再多多考虑。"如此一来，上司会觉得你替他保留了一点面子，抗拒心就会减少。如你逼他太甚，一定会激起他的怒火，他势必不肯认输，而跟你争辩到底，一场争斗就免不了了。

闺房私语

切记，永远要给你的老板留下一条退路。当你的老板对你所说的表示折服，你一定要表示出你的诚意："我并不是卖弄，真的只是为了整体的利益才出了这么个主意，幸亏能得到你的谅解，让我松了一口气，今后还请多多指教……"用低姿态表示出你的真意，也是处理你跟老板关系的一种战术。

9. 多求他帮忙，他会很有成就感

> 越认为自己不平凡，生活的范围就越狭小，也越不快乐。
>
> ——女影星宋慧乔

好为人师是人的通病，有趣的是，职位越高，这个病症越严重。换句话说，当领导的，当老板的，都喜欢教育下属，给下属上课。这一点在那些官僚作风严重的单位尤其明显。如果很不幸你的老板正是这样一位人物，你就要利用他这个毛病来做点小文章了。

干嘛？请他帮忙呀！当你遇到困难的时候，你可以恭恭敬敬地向他请教，他会非常乐意在你面前卖弄自己的经验。你甚至可以"假装不懂"，故意给他制造卖弄的机会，这样既能够满足他的虚荣心，又能表现出你向前辈好学的品质，没有老板会刁难这样的女下属的。

你的老板肯定会有某一方面的专长，或者偏好。如果你了解，就要从他这个喜好出发，投其所好。如果他擅长数据分析，你可以向他请教做报表的高招，甚至可以引导他讲讲早年入行时的故事。你要摆出一副"晚辈学习"的姿态向他求教，再严厉的老板也会在这时候打开话匣子的。

老板的爱好你也可以稍加利用，比如，他是一个网球高手，虽然这个与工作无关，你可以在工作之余跟他请教提高网球技术的诀窍。特别是在电梯里，这是一个非常好的拉近上下级关系的话题。很多女孩子害怕在电梯里遇到领导，她们总是脸红心跳、手足无措，眼盯着电梯按钮，巴不得快点到自己的那一层。殊不知，这正失去了一个跟老板交流的机会。

向老板请教问题，也是一门学问。如果你没有口才，只一味地谈自己的事，并不停地对他说"劳你大驾，请你帮忙"之类的话，只会让人感到不耐烦。你可以从以下几点开始练习：

1. 多用礼貌用语。要多说"我、我们"，少说"咱们"；多说"您"，少说"你"；多说"先生、夫人、太太"，少说"老头儿、老太婆"。多用尊重的措辞，能让他有高高在上的感觉。

2. 运用一些客气的求人话语。比如："真是不该再麻烦您，但是实在没有办法，只好又麻烦您了。"有些老板讨厌被打扰，你这样一句话，就会让他的不耐烦大大降低。

3. 首先说明自己了解并体谅对方的心情，再把自己的要求或想法表达出来。比如："我知道你的时间很紧，可我实在没办法，只好来打扰你了。"

4. 尽量把自己的要求说得很小，以便老板顺利接受，满足自己的愿望和要求。比如："您只帮我办这一件事就行了，其余的我将自己设法解决。"这并不是变着法儿使唤人，而是适当减轻别人带来的心理压力，同时自己也容易启齿。

5. 通过抬高对方、贬低自己的方法把有关请求表达出来，显得彬彬有礼、十分恭敬。比如："您老就不要推辞了，这件事只有您能办！"

6. 在提出请示、愿望时，表示自己对他的感激之情。比如：

"如蒙鼎力相助，我们将不胜感激。""您的大恩大德，我们将终生不忘。"

7. 夸大困难，让对方感到自己的重要性。比如："我是上天无路，入地无门了。"意思是："我已经尽了全力了，但是却没能解决。"用夸张的方法把事情的难度说出来，会让对方感到这个问题是一种挑战，他可能因为愿意展示一下自己超强的能力而帮助你。

美女们一定要记住，"求助"是一种手段，绝对不会让你显得笨拙，这是你跟领导交流沟通的一个机会，而且，他在帮你的过程中，肯定会向你传授一些有用的东西。"好为人师"的人固然讨厌，可他确实有些本领，所以，从这个角度看，是不是向上司取取经也是自己的一堂免费"培训课"呀。

❤**闺房私语**┄┄┄┄┄┄┄┄┄┄┄┄┄┄┄┄┄┄┄┄○

　　你向老板请教，等于是给他荣誉。对于你的请求，他会有一种被奉承的感觉。男老板是尤其喜欢在女下属面前抖威风的哟！

10. 准备好去赞美老板吧

> 做"方糖女人"，把你的那杯茶变甜。
> ——作家李欣频

美国著名心理学家威廉·詹姆斯说："人类本性上最深的企图之

一是期望被赞美、钦佩、尊重。"可见赞美的确是一件能令人愉悦的事儿。而且无论对方的个性如何，只要你挠到了他（她）的痒处，他（她）就真的会对你服服帖帖。这么神奇的招数，我们必须运用到对老板的管理当中来。

赞美老板不一定多么华丽，小到"领带真漂亮"，大到"决策真英明"，凡是可以说出好来的地方你都可以称赞一番。跟老板建立良好关系的基础就是重视他、赞美他，多说恭维的话。这一点，男人做起来可能容易些，女性朋友很多都做不到，觉得这种"拍马屁"的损招太低三下四了。有这种想法就是"不职业"。

你要知道，老板也是人，也有虚荣心，需要别人鼓励。良言一句三冬暖，你的一句赞美就可以向他传达友好的信号，赢得他的好感，利己利人，何乐而不为呢？若是不信，你看看《红楼梦》里王熙凤是如何夸奖别人而抬高自己的。

林黛玉初进贾府，刚刚与王熙凤见面时，王熙凤就拉着她的手上下细细打量了一回，称赞着："天下真有这样标致的人物，我今儿才算见了！况且这通身的气派，竟不像老祖宗的外孙女儿，竟是个嫡亲的孙女，怨不得老祖宗天天口头心头一时不忘。只可怜我这妹妹这样命苦，怎么姑妈偏就去世了！"

你觉得这真的是在赞美林黛玉嘛？错。这是在巴结贾府的老太太呢。即使这祖孙俩素未谋面，不管之前有多么的生分，也从熙凤的嘴里表达了老祖宗是多么地疼爱自己的外孙女。这无疑是在对黛玉夸贾母的舐犊情深和仁德慈爱，贾母听了能不高兴吗？另外，这句话更加间接地称赞了两位夫人。嫡亲孙女为什么会有这样"通身的气派"？当然是邢、王两位主母照顾得好、调教得好了。通过称赞女儿来称赞娘，既不着痕迹，又滴水不漏、颠扑不破，功力可谓高深。

　　王熙凤的三言两语就能帮府里最有地位的人涂脂抹粉，真不愧是赞美方面的精英和高手，也难怪只有她才能掌控贾府这么大的家业了。

　　不要说这很老套，这是阿谀奉承，这对你自己是一种否定。林肯曾说过，每个人都希望受到赞美。威廉·詹姆士也说过，人性最深切的渴望就是获得他人的赞美。这是人类之所以有别于动物的地方。好话，赞美的话，危难之处见真心、雪中送炭的话，老板爱听，听完这样的话就精神愉悦——真假忽略不计。可能你很不喜欢你的老板，但是你绝对不能摆一张臭脸出来给他看；可能今天某位女领导的造型很囧很雷人，但是你绝对要说"很有个性嘛"；可能你的领导能力不行、顽固保守，你可以在心里使劲儿骂他"饭桶"，但是嘴上还是要彬彬有礼、多说好话。

　　没办法，谁都喜欢被肯定，这是所有人的共性。一个"好"字比"不错"要有力得多，这是汉字的艺术，更是处理上下级关系的要诀。多说"您说得太对了"、"您的话我当然信"、"一定花费您不少心思吧"、"看来您是这方面的专家啊"等等表示肯定的话，让老板听了高兴，如沐春风，神清气爽。他心情好，你办事也顺利，大家好才是真的好嘛。

　　那么，要怎样赞美，你才能不担"马屁精"的恶名呢？要掌握这样几个诀窍：

　　1. 从优点入手，令人信服。赞美用不着坚持"实事求是"的原则，却也要尽量找到奉承的由头。你必须从老板的优点入手，哪怕是很小的优点，也要给予充分的肯定，再加以适当的夸张，让他云里雾里，高兴地接受下来。

　　2. 不动声色，浑然不觉。赞美要自然大方，不露痕迹，不动声色。比如，老板喜欢看文学书，你可以夸他"有才"、"学识渊博"，或许他本人才华很一般，但是他潜意识里一定在自命不凡，认同你的奉承。

3．赞美的话不要说得拖沓冗长。好话贵在能打动人心，但是并不是越多越好、越长越好。在很多时候，精练而独到的赞美能让人身心舒畅，而长篇大论、拖沓冗长的赞美之词则会让人不胜其烦。

4．及时而发，趁热打铁。这样的赞美如天降甘霖，能滋润百草。在适当的时机说得体的好话，能让听者快马加鞭，奋发向前。

5．赞美也要因人而异。不同的人，喜欢听不同的好话。男士喜欢别人称道他幽默风趣，很有风度；女士渴望别人称赞她漂亮、可爱、有气质；老年人喜欢听别人说他知识渊博，会保养身体。如果能针对不同的对象来说好话，对方就会更乐于接受，听了也会更高兴。

6．赞美不能夸过了头。即便是真心实意的好话，说过了头就变成了虚假的奉承。话到嘴边留半句，即便是礼貌性的恭维，点到为止也是应该的。

记住，赞美并不是刻意而为之的，一个自信大度的女人应该有肯定别人、发现别人优点的气量——对老板也是如此。既然你是在做一件再正常不过的事，又何必在乎别人的评价呢？

❤闺房私语 ⋯⋯⋯⋯⋯⋯⋯⋯⋯⋯⋯⋯⋯⋯⋯⋯○

过度的、夸张的甜言蜜语势必会引起听者难为情的感觉，适度的、中肯的称赞才会让人产生愉悦感。对女老板说赞美的话时，尤其要重视这一点。

★ 高跟鞋行动

1. 每天下班之前，抽出五分钟把今天的工作情况总结一下，到了周末的时候把这些事分门别类整理成简明的文档，发给老板看，以"汇报工作"之名，让他看到你的工作成果。

2. 老板出现的时候留心观察一下他的神色，猜测他的喜怒哀乐，趁他高兴的时候提出请求。如果他的脸上阴云密布，赶紧躲得远远的。

3. 如果你对某件事的结论有异议，要主动说出来，并且说得有理有据，努力证明自己的观点是正确的。

4. 注意说话的语气，一定要尽量委婉，尤其不要在男老板面前做出很强势的样子。

5. 弄不明白的问题，可以及时向老板请教，既满足他"好为人师"的虚荣心，你又能学到东西。

6. 赞美老板，小到一条领带，大到本月的工作业绩。

第五章

老板眼中无性别，能干的就是好员工

　　有句流行的话说，职场里，就是"女人当男人用，男人当牲口用"，充分体现了"劳心者"们强大的工作量和过重的压力负担。在这样充满竞争和挑战的场所里，很容易让人模糊性别，忘掉男女分工。能干的永远是老板的左膀右臂，能力不行的就只能靠边站，很多老板在给员工升职加薪的时候会搞性别歧视，但是分配任务的时候才不管这一套。老板把咱当成"劳动力"使唤，咱自己可不能忘记女性身份，什么该做什么不该做，自己要掌握一个尺度。能做的，我们义不容辞；对自己百害无一利的，一定要巧妙地说不。拿捏好这个分寸，你就能在强手如林的男女同行中活得幸福而有尊严。

1. 你想做"手足"，还是做"衣服"

> 人生不同阶段有不同梦想，有时自己就做得到，有时需要旁人帮忙。但是反过来说，当别人需要你协助的时候，你也要有心，也有能力帮他们解决问题。
>
> ——艺人贾永婕

老话儿说：兄弟如手足，女人如衣服。这是大男子主义的代表型宣言，对他们来说，有助于成就他们的事业的兄弟就那么几个，无论如何不可或缺；而女人作为"玩物"、"尤物"，满天下都是，只要他们乐意，随叫随到，可有可无。所以，他们并不把女人放在眼里，关键时刻总是舍女人而保兄弟。

针对男人骨子里这种轻视女人的特点，我们可以总结出一条"管理老板"的技巧，那就是：让自己有用，独当一面。

为什么手足重要？因为有用，而且没有就不行。虽然我们需要衣服蔽体，但是那毕竟关系不到生死存亡，穿二十块钱的衣服跟两万块钱的衣服在本质上没有区别。手足可就不一样了，四肢健全的正常人比残疾人活动起来要方便得多。所以，如果我们想为自己谋求一个金饭碗，让老板对我们礼贤下士、重金收买，就得想方设法成为他的"手足"，让自己变成真正"有用"的下属。

虽然这样的"适者生存"对女人们而言是一件很残酷的事情，但是，既然决定进入职场了，就得遵循这样的游戏规则。怀才不遇这回事儿多多少少都是人们拿来欺骗自己的借口，有才有用的人是不会真的被埋没的。**不管是感情还是事业，"I need you！"比"I like you！"和"I love you！"都更加稳定和牢固，一个被需要的人总是在人们的潜意识中占有优先权，也是人们最不想放弃，也最舍不得放弃的那一种人。**

所以，对女人来说，有用比可爱更重要。让自己成为一个有用的人，才能时刻被关注，才能让老板离不开你，才能在职场中赢得更多的主动权。一个有用的女人是被需要的，被需要本身就是一种财富，就是一种跟老板讨价还价的本钱。

美国前国务卿，被称为"白宫黑玫瑰"的赖斯，就是这样一个有用的女人。赖斯从小就被灌输这样的思想：黑人的孩子只有做得比白人孩子优秀两倍，他们才能平等；优秀三倍，才能超过对方。父母告诉她，如果她勤奋学习，力争上游，让自己有价值，就能得到回报。而她也的确做到了，她通过不屑努力将自己变成了一个有用的女人。

赖斯在十五岁时便成为丹佛大学的学生，主修英国文学和美国政治学，她能讲一口流利的俄语和法语，并弹得一手好钢琴。在老布什总统任内，赖斯就是老布什的东欧问题顾问。当时苏联解体、东欧发生剧变、柏林墙倒塌等一系列的历史事件，赖斯都在幕后出过不少力。老布什曾经说过："我对苏联事务的所有知识都是她传授给我的。"老布什卸任后，赖斯回到斯坦福大学教书，出色的个人能力，让其在一年内就升任学校仅次于校长职位的教务长。

小布什当选为得克萨斯州州长的时候，老布什感到赖斯应该会对儿子的前途有用，于是便安排赖斯与小布什见面。结果赖斯当然没有让老布什失望，赖斯为小布什的政治生涯出谋划策，在小布什当选总统后她也成为国家安全顾问，进而成为美国国务卿。赖斯用她的实力证明了老布什的想法，自己的确对小布什"有用"，不仅如此，她对美国乃至整个世界都是"有用"的。

有用的女人到了哪里都会发光，就像赖斯那样不管是在台前还是在幕后，甚至回到学校做教学工作，都丝毫不能减损她的光芒和价值。因为不论到了哪里她都是被老板需要的那种人，都是老板的"手足"。她可以跟老板讲条件、抬身价，有用的女人就是具备这样的优势。

不单是在老板面前，在男友、老公面前也是一样，做一个被男友、老公需要的女人所获得的情感一定比一个需要别人的女人所得到的更加长久和可靠。任何依附关系都存在潜在隐患，一个看起来再漂亮的东西如果没有任何用处，时间久了也会被拥有的人束之高阁。不要以为女人能干就不会有男人爱，男人也许一开始会被女人的外貌所吸引，但是再动人的外貌都会有看腻的时候，真正让男人们离不开的是那些有用的女人。

❤ 闺房私语 ━━━━━━━━━━━━━━━━━━━━━━━━━━━━○

无论是事业还是爱情，能够彼此需要是维持基础稳定的必要条件。一个毫无用处、可有可无的女人，随时都有被取代的可能。既然换另一个人也没有多大影响，那别人也就没有必要对你过于珍惜。只有让自己变得无可替代，才能在感情上受到重视，在事业上受到重用。你越有用，别人才能越尊重你，才能越肯定你的价值，你也才不会整天为自己的前途、财富、爱情、人际担心。因为你根本不必担心，没有人想离开你，相反地，他们害怕的是你会离开。

2."耍大牌"不如让他"依赖"

真正的强势，是安静自我的。

——女影星余男

看到"耍大牌"三个字，也许你会联想到演艺圈。不错，很多艺人被媒体冠之以"耍大牌"的恶名，意思是仗着自己名气大跟公司讲条件、跟活动主办方闹脾气。其实，这种现象并不仅仅发生在明星身上，能力强的员工不知不觉就会露出这种心理。

美女小幽曾经是某知名广告公司里的创意总监，女孩子做到这个位置上的可谓凤毛麟角，所以，她虽然一再提醒自己"低调"，却还是免不了"耍大牌"的倾向。她经常在"头脑风暴"会议上公开推翻老板的决定，或者毫不留情面地否定下属的提议，甚至对其他部门提出的修改方案也嗤之以鼻。"我的地盘我做主"，这句广告语几乎成了她办公室大门上挂着的勋章。

面对小幽的现状，公司老板一方面是不敢得罪，一方面是抓耳挠腮。要是她提出加薪之类的要求，倒也好满足。可是她对公司的要求越来越多，对部门员工的工作越来越苛刻，搞得部门里怨气冲天，长此以往下面的人都要跳槽了。留下这么一员大将，却跑了手下的兵卒，仗也是没法打呀。

老板多次跟小幽沟通，小幽的势头有增无减，好像她这个身份就应该享有这样的待遇。最后，老板跟几个心腹一商量，做出了这样的决定："冷处理"小幽，并暗中寻找小幽的替代品，找到合适的人选之后就将这个忘乎所以的创意总监架空，甚至雪藏。

这一招何其毒也！若是炒她，公司没有理由；若是批评得太狠，小幽不会吃这一套。老板决定用冷处理来整治小幽，重要的单子不交给她，而是交给创意部门的"二把手"，理由是：小幽是"总监"，只负责监督，具体事情交给二把手就可以了。起初，小幽并没有觉察气氛的异样，还以为自己的老资格得到了尊重，非常受用这样的待遇。可是时间一长，她也发觉情况不妙，对于很多大客户的广告，老板直接找创意部门的其他重要人员开会，却不通知她。小幽猛然惊醒：自己被架空了。可是，到了这个地步，覆水难收。原来的"二把手"是个三十出头的男人，正值精力旺盛、野心勃勃，他早就看小幽不顺眼了，这个时候更是跟老板站在一边，努力排挤小幽，以图自己走上正位。部门接了几个大单子，没有小幽的参与，同样获得了成功，小幽彻底成为一个"可有可无"的人。这时的她有两个选择：离开，或者继续被架空雪藏。最后，小幽只好留住最后一丝尊严，以"创业"为名，离开公司，自己开了个小小的创意工作室。

仔细想想，小幽"耍大牌"的举动，无非是想让老板认可她、尊重她，进而为自己争取更大的发言权和发展空间。事实上，她拥有的已然不少了，她没有必要用这种强势的手段进一步挤兑老板。不是说兔子发疯了也要咬人的吗？**再好的老板也会顾全大局，不会因为某个骨干有情绪而置全体员工的情绪于不顾。**有意见，你可以私下跟他讲；有情绪，你可以私下跟他沟通。你是骨干力量，他倚重你，那只能说明你们两个人的关系更密切，你能够比别人更接近老板，但这些却不能成为你在公司里吆五喝六的本钱。

所以说，聪明的职场美女不是要在老板面前"耍大牌"，而是要让老板倚重你，甚至产生对你的"依赖心理"。只有依赖你，老板才会对你彬彬有礼、毕恭毕敬。饮足井水者往往离井而去；桔子被榨干汁水后往往由金黄变为渣泥。经验告诉给人最重要的教训是：维持老板对你的依赖心理，不要完全满足其需求。古代的大臣甚至可以用这个方法控制皇帝。当然，你践行此法时不可过分，不要只是引而不发从而使人误入歧途，也不要只为一己之利而无视他人病入膏肓。

❤ **闺房私语** ·····································○

老实讲，要我永远保持不骄傲不邀功的低调状态也是做不到的，毕竟虚荣心是女人的一部分嘛，总免不了在成就面前"招摇"一下的。偶尔"摆谱"也不是不行，但是最好以开玩笑的方式，不要让老板对你产生警惕心理。

3. 为老板提供方便快捷的服务，他就会倚重你

> 想得到什么，你就要先付出什么。
> ——作家李欣频

职位越高压力越大，压力越大就会越吝惜时间。作为一个下属，

如果能够为老板提供方便快捷的"服务"，时间长了他就会对你产生依赖心理，把你当成不可或缺的人才之一。

这么说有点抽象，我来举个例子。

Ann 在一家外企担任部门经理的助理，虽然职位不算太高，但是前后获得两次加薪、一次高额奖金、一次国外培训机会和一次出国观光的机会。这对于一个工作经验只有三年的人来说算是颇为丰厚的回报了。Ann 的窍门就是主动向上司靠拢，做事之前从上司的角度考虑问题，尽量为上司提供方便快捷的服务。

Ann 的工作职责之一就是为老板安排行程。起初，她觉得这个工作很简单，不就是按部就班把所有的工作列在一张表格里吗？她一边感慨"老板的工作真多"，一边密密匝匝地编写着老板的日程表。终于有一天，老板向 Ann 抱怨起来："你每天时间排得这么满，我连想事情的时间都没有！"Ann 惊愕了：难道你的工作多，是我的错？

为此，Ann 特意向公司里的前辈请教。有一位工作多年的助理告诉她：并非将所有的会议、拜访等时间填进时间表就了事了，身为老板的助理，你要懂得分辨事情的轻重缓急，以及处理它们所需要的时间。然后，把它们分类整理到时间表里，既要让老板有休息时间，又要让他充分利用好每一分钟。工作表的安排直接影响到工作效率，只有便捷高效的日程安排才是老板最满意的。

Ann 听了之后很受启发，开始专门研究如何帮老板制定省时省力的日程安排。她将老板的工作加以分类，会议安排在上午 10：00～12：00，因为接下来有午餐打断，较不易拖拉；重要客户来访，要给大块的时间，如下午 4：00～5：30，必要时还可接续至晚餐时间；每周安排两个下午给他思考或阅读相关书报，为公司政策构思最好的做法；同仁求见则视谈论主题，安排零碎的或可完整讨论的时间。

果不其然，这样调整之后，老板的效率大大提高了，他非常满意地表扬了 Ann，并且当着很多部门同事的面夸奖她是"得力干将"，让部门的人向 Ann 学习。

而且，这样调整之后，Ann 自己的工作效率也提高了很多，再不用被临时改动的 schedule 折磨，疲于奔命地通知这个延后、那个取消了。为上司提供方便快捷的服务，同时也让自己懂得如何分配时间、做时间的主人。

其实，并不是只有助理、秘书一类的职位才有"方便老板"的义务，只要你想跟老板建立良好的关系，让他倚重你，就应该积极主动地跟他建立一致性，尽量让他工作起来更方便、更快捷。打个比方，如果老板打哈欠正要小睡，你适时地递过去一个枕头，他是不是很高兴？

换个角度看，如果你是老板，你是愿意下属特立独行，还是希望他按照你的习惯做事呢？你当然会选择后者吧！

所以，**作为一个下属——一个想成为老板"手足"的下属，就要多动脑筋为他着想。用民间的大白话讲，这叫"有眼力劲儿"；用专业术语讲，这叫"与上司建立一致性"。**你是他的下属，等于是他延伸出去的眼睛、嘴巴、胳膊和腿脚，你受他的大脑支配，你越灵活，他就越倚重你。而那些不懂得为上司着想，只知道低着头蛮干的人，在上司看来就像是又蠢又笨的塑料假肢！

♥ 闺房私语

为老板提供便利服务，可以考虑如下问题：什么事可以分工？递交老板批阅签字的文件有无漏掉的附件？此文件是否需要其他部门会签（节省老板时间）？你有没有整理会议记录交给老板批阅？若是专案会议，历史文件有没有备齐？老板出差的话，你有没有提醒他带上重要的文件和必带物品？老板不在的日子里，你有没有把手头工作及时向他做汇报？

4. 无须刻意地把自己变成"男人"

> 抬头挺胸，面带笑容，仔细听别人讲话。
> ——女影星奥黛丽·赫本

虽然说现在女人是"半边天"了，可是到了职场之后你会发现，单单凭女人的天真和善良是撑不起"半边天"的。真正有力的还是男人的硬脊梁和厚脸皮。有些女孩子为了在职场中有所作为，不惜舍弃自己的"红颜本色"，不爱红装爱武装，一心要跟男人看齐，恨不得把自己变成男人才好。其实，在我看来，这大可不必。**我们需要做的，就是"抄袭"男人们的优点，然后再用女人特有的方式演绎出来即可。**

男人有什么优点？首先一个就是团队精神。男孩子多半喜欢足球、篮球这种团体性质的竞技运动，在运动中，他们会深刻地了解不能融入团队中是一件多么可怕的事情，个人主义就等于自取灭亡。同时他们也已经意识到，想成为明星，最简单的办法就是在团队中取得举足轻重的地位。于是，他们勇敢地射门、投篮，用成绩来证明自己。也就是说，男人们在踏入社会之前就已经具备了团队概念和明白了团队中的生存方法。如此一来，即使是刚离开校园走向社

会，男人乍进公司也能即刻融入职场生活，比女性的适应力强出
太多。

因此，对于那些脏乱或麻烦的工作，男人们可以很好地忍受下
来。无论遇到的工作多么艰巨还是有多么不齿的阻碍，抑或面临多
么难以承受的精神压力，我们身边的男同事一般都不会退缩不前，
也不可能到处拉住别人诉苦，甚至于，连一丝不满都不会表现出来。
要客观地看到男人的优势，他们比我们女性更习惯在团队中顾全大
局，即使是女人也不要为自己的感情用事找借口。

真正的职业女性一定要学会男人的这种心理素质。由于上司的
责骂、同僚间的意见冲突、繁重的业务、遭人陷害背黑锅等各种各
样的原因，女人觉得在职场中倍感孤独，此时她们的眼泪想止也止
不住。这个时候，"林妹妹"并不招人待见，一些人可能会觉得你是
一个爱哭鬼、根本不像上班族、像小孩子一样不懂事等等，而且作
为一个社会人士也稍嫌不成熟，一点点劳累就哭哭啼啼，上司又怎
会将重要的业务交付给你呢？

男人的第二大优点就是"厚脸皮"。所谓的男女平等也是需要你
凭借真本事争取才能得到的。男人们在被批评责备以后照样可以保
持笑容或处之泰然，这可以说是肚量，也可以叫做厚脸皮。但是很
多女性却做不到这一点，每次挨完批都伤痕累累，很久也恢复不过
来。我们要承认在任何情况下保持平静的心情是很好的一种方法，
为了做到这一点你还应该付出相应努力。在努力维持平和心态的过
程中，你的戾气将逐渐消失。这不仅可以防止你的心情极度恶化造
成想法偏激等有害身心的思考方式，也可以让人看到你坚强的一面。

事实上，男人表现得坚强也是有理由的。其中，高度的集中力
可以说是一把钥匙。在一些无关紧要的游戏或比赛，如体育运动或
围棋中，甚至是在钓鱼时他们也会极度集中精神，有时候连旁人的

话也听不到。有些特殊时间或特殊情况下，他们还可以在某一天彻彻底底地放下工作，彻彻底底地休息一整天什么都不干。在男人眼里，工作和休息都是应该集中精神去面对的事情。做事和玩乐都可以集中精力，这是不是女人们最想学习的一点呢？但是你要知道，他们为了痛快的娱乐或是放肆的休假，已经在之前的工作中付出了艰苦卓绝的努力，甚至为了腾出假期而加紧速度加班赶工。了解这一点后你觉得自己可以为此做出同样的努力吗？是因为男人也要付出努力而感到安慰，还是为同是苦命职员而觉得悲哀呢？

此外，男人们在"公私分明"这一点上也做得比女人好。能做到工作中不掺杂私人感情的话，等到因为工作问题而被老板批评时，他们就只会在工作方面更加努力来面对和解决问题。在一些不太重要或比较浪费感情的事情上，男人们绝对不会费脑子去研究，更不可能钻牛角尖。在人际关系的处理方面也是如此。男人们不会去刻意分析某个人对他的态度，也就不会因此而耿耿于怀。日思夜想着报私仇不是闯事业的男人会做的事情。

但是换作女性就不一样了，很多女孩被老板批评之后就怀疑老板不喜欢自己，分配工作时也总是抱怨老板分派的都是自己不喜欢的工作。如果把老板单纯针对工作上的斥责理解成对自己的不信赖，这绝对是大错特错。老板责骂你时你不应该想"我又没有做错什么，他为什么只骂我一人"，而是应该想"这次的策划书究竟哪里有问题呢？"

一时半会儿让感性的女人变得公私分明并不太现实。但我们可以通过平常的克制来调整自己。你要知道，人是人，工作是工作，只有从心里接受了这个观点你才不会把"工作出了问题"和"做人比较失败"两者挂上钩，也才不会承受那些没有必要的精神压力。如果你一味地感情用事，最后受累遭罪的也只有你一个，甚至别人也不会对你有丝毫怜悯。

另外，男人的一些与生俱来的小特点也是值得我们借鉴的。比如，他们不爱传八卦，在酒席上很少会议论其他人的不是，或者说尽量避免去议论，但是女性就反其道而行了。比如夫妻吵架的时候，妻子一定会拿起电话对朋友和娘家的人哭诉丈夫的不是，不吵闹到人尽皆知绝不罢休。但是称职的丈夫就算是和妻子有多大的矛盾，也绝少在外人面前提起妻子的毛病和吵架的原委。能够做到家丑不外扬是因为男人知道家事和外事的区别，做到这一点其实很不简单。

总地来说，男人有很多优点，确实值得我们女人借鉴。但是我们也有一些优势是他们所不具备的，比如说宽容、细心、敏感、观察力强、乐观，等等。**如果一个女孩子吸取了男人的理智面，同时又保留了女人的感性面，一定能够在职场中轻松胜出，得到老板的青睐。**所以，我们没有必要把自己弄完全得像"男人"一样，像男人般思考，像女人般行动，就很好。

❤闺房私语

有些女孩子为了节省时间剪掉长发，其实是不明智的，不管到什么时候，还是长发的女子更吸引人的眼球。如果想提高自己的形象分，穿裙子比穿裤子要好，毕竟，裤子曾经是男人的"专利"，同等条件下，一个穿着裙子身姿曼妙的女孩要比穿着男人装风风火火的"假小子"受青睐。不要去相信时尚界鼓吹的"中性美"，那是唬人的。

5. 永远不要试图去打败男人

> 不要局限于自己国内的新闻，还应该了解国外发生的大事和相关信息。
>
> ——社会思想家阿尔文·托夫

有些女孩子进入职场之后试图把自己变成"男人"，还有一些女孩子受到"大女子主义"影响，一定要"打败男人"。她们似乎跟男人势不两立，一定要在男性占主导的职场里为天下所有的女人"讨个说法"，大有颠倒乾坤之势。

这种思维方式跟我国的教育体制有很大关系。在日本、韩国、美国等国家，男女差异教育从孩子生下来那天就开始了，男孩子会努力学习金融、法律、医学等职业技能，女孩子要懂得烹饪、裁剪等家政知识。而在中国，没有这样的差别，我们从小就跟男孩子读一样的课本、上一样的课、穿同样的校服、参加同样的考试、学习同样的科目、在同样的竞技场中竞争。二十几年的生命里，似乎只有厕所和澡堂是男女有别的。

在这样的体制里，女孩优秀与否的标准似乎跟男孩子也是一样的。然而，到了职场之后，很多女孩感慨：我们拼不过男人。没错，你拼不过，因为你努力的方向不对，你是在用自己的短处跟人家的长处做比较。你努力让自己做到"优秀"，却不得不承认体能和思维方式上确实跟男人难于同日而语。并且，男人的心非常"狠"，涉及到诡计、阴谋、战术等字眼的时候，女人会排斥，而男人乐在其中。商场跟战场相似，都讲究兵不厌诈，而兵不厌诈的基础就是"心够硬、够狠"。男人做得到，女人却很难做到。

意识到这个无奈的现实之后，有些女孩放弃了，有些却变得更为极端，甚至仇视男性同事，把身边的人都视为"敌人"，一定要把他们打垮、打败、踩在脚下才痛快。

这又是何必呢？在我看来，女人参与职场竞争是一种谋生手段，更是一个丰富自身完善自身的过程。如果遇到能力超群的男同事，刚好可以向他学习一些你不懂的东西。既然我们已经知道男人在某些方面的长处，那就应该积极地取长补短。你可以直接向男同僚提出相关问题，比如"遇到这个情况时你们男人会怎么做呢？""在什么样的情况下男人才会做这些事情？""遇到这种人时，换作我是男人，应该怎么办呢？"等等问题的提出，表示了你有确切想解决问题的决心。如果你求助的对象正是你的老板，他还会认为你是一个好学的好下属。

有时候你可能得不到满意的答案，或是对方没有给你确切的答案。其实这并不是他们在警惕你，而是他们认为这些经历已经通过长时间的工作生涯而深入到了身体里，因此不知道怎么描述出来。男人们的表达能力可是稍逊于女性，可能在你满怀期待的时候对方回应说："哎呀，那怎么能用话形容出来呢，该怎么办就怎么办呗！"这个时候可会让你大失所望了。其实他们也不是不愿意和你交流这些处事方法，只是不知道怎么表达，在这个关头女性就该显示自己的特长了——遇到这种情况时就要充分发挥自己善解人意的魅力，为在场的男士营造出一种愉悦轻松的谈话氛围，并且用自己的理解能力让他们感到和你说话是没有负担的聊天，这样他们讲解自己的观点时就会讲述得更为具体了。

出于女人敏感的天性，我们往往能够更好地协调自身与所处环境的关系。**如果你所在的团队里男性居多，那就要想办法向他们靠拢，起码也要和他们保持融洽关系，而不是与他们为敌，整天想着进攻或防守。**想要做到这一点，其实并不难，我们可以听听全球著名学者阿尔文·托夫的建议。她在 2007 年开办的全球女性论坛上向广大的女性朋友们提出了这样的建议："不要局限于自己国内的新闻，还应该了解国外发生的大事和相关信息。"我们不只生活在自己所居住的国家，还生活在全球这个世界村里，她希望女性朋友们可以了解和感受到《读卖新闻》和《纽约时报》是怎么分析这个世界的。我认为，她的话非常有道理，尤其对女性来说，宽阔的知识面是武装自己头脑的武器，更让男人们对你倍加尊重，也更加便利了和他们的交流。

如果你整天只会谈论关于衣服、逛街、美容、明星八卦等话题，男同事很容易就会对你的工作态度产生疑问——即使这些只是女人热爱生活的天性，就像男人喜欢体育一样。但男性不会花时间去了解女人，到时候他们只会按照自己的思维模式去否定你。和男人的交流始于你先关心他们感兴趣的话题，就像男人也会为了业务关系而需要和女人自由交流，于是事先要对女人感兴趣的话题进行了解一样。

❤ 闺房私语 ⚬

不可否认，职场里真有那种"为达目的，不择手段"的男人，他们工作能力中上，全靠陷害别人排除异己往上爬。对这种人，很多职场姐妹会愤愤不平，甚至公开针锋相对，最终被他们排挤掉。要知道，女人很难打败男人，更难打败这种"阴险"的男人，如果你身边有这种人，还是不要轻易去跟他们较量为好，免得引火烧身。让更彪悍的男人们去惩罚他吧！

6. 别跟男人在喝酒上较劲

> 我珍惜时间，但不折磨身体。
>
> ——歌手蔡琴

有些女孩子在职场中争强好胜，即便到了酒桌上也是巾帼不让须眉，轻松地把男同事灌倒的女性早已不在少数，她们的酒量和胆量都不逊于任何男性。晚上我下班回家，好几次都在路上看到蹲在街边呕吐的女性。表面上看，"男女平等"已经在酒文化中实现了。但是我们细细想来，醉酒之后依然是女性较为不利。**别忘了，醉酒、唱歌、外宿、开玩笑的人有男有女，但是事后别人关注的目光总会围绕着女性而私下非议。**传统观念的桎梏终究还会残留在人们的观念里，玩得太疯、喝得太醉的女人起码会被认为有些失了分寸。所以在酒局中，女性并没有看上去那么自由风光，而仍然是处于下风的位置——特别是跟工作相关的应酬。

不可否认，在中国，酒局是很好的交际场所，不但跟客户谈生意的时候需要喝酒，同事之间联络感情也多半借助酒精的效力。大家酒杯一碰就是一家人，不仅可以畅谈在公司里没有聊过的话题，还能学到花钱也买不到的宝贵经验。不管你是身在团队中和其他伙伴交流情感，还是作为团队的成员去和其他人打交道，都会用到这个无可避免的应酬手段。下面要考虑的就是酒席中需要了解的内容。

首先，你在喝酒之前就要考虑自己的身体情况。比如切忌空腹喝酒，因为空腹喝酒不光容易造成呕吐，还对肝脏损伤极大。那么多吃菜是不是就可以支撑整场呢？不少人都有喝酒时多吃菜就可以避免喝醉的误解，其实最好还是在喝酒之前就吃点主食，一顿饱饭下肚再喝酒就垫好了基础，这样才可以延长你在酒席上清醒的时间。喝酒之前先吃碗米饭，要不就提前喝下解酒汤，这都比你大醉之后再想办法解酒要好。这样你就不会在一上来就不顾形象地拼命吃菜，让人觉得你只是为了吃而参加，而是会让别人觉得你没怎么吃菜却也这么能喝，是个千杯不醉的强人。不仅如此，事先吃饱还可以让你从宿醉的难受中尽快解脱出来，即使在反胃的时候起码肚子里也有东西可以吐出来，在面对无可避免的痛苦时找出对自己伤害较轻的方法才是正确的。

另外还要明白，**不是所有酒席都需要你豪饮一番，有的场合你甚至应该滴酒不沾**。如果不能分清其中的分寸尺度，那你就不能算是真正懂得酒道的个中高手。作为一名女性，不论对方的酒量比你大还是小，你都要避免只有你们两个人喝酒的场合。如果对方的酒量比你大，到最后时你醉得比他厉害就难免失去保护自己的能力；如果对方的酒量比你小，那么最后比较清醒的你就要照顾一个烂醉的人，很多麻烦和尴尬就此产生。所以，两人独处的情况下还是不适合饮酒的，如果你某天的心情只想两个人一起自在地喝酒，那最好是找至交好友以及互相了解彼此酒量和没有醉后恶习的人才比较稳妥。

真正懂得酒的高手是绝对不会让别人清楚自己的酒量的。酒席是社交的一部分，当然也可以看作是浓缩的小型社会，因此也需要像在职场中一样谨慎地在酒席中运用人际交往的技巧和熟悉基本礼仪。譬如有人问你"酒量多少？"你可以举起酒杯，冲他一笑了之，也可以回答："这可说不准啊，我的酒量一点都不稳定。"

如果你心情欠佳，最好不要跟同事一起出去"买醉"。假设白天在公司发生了让你非常生气的事情，那你晚上还能抱着平和的心态去出席酒会吗？就算你晚上很想"借酒浇愁"也不应该到公众场合付诸行动。酒精会让人变得亢奋，同时也很容易勾出心底最深处的感情。如果习惯于心情不好时喝酒，那么犯错误也在所难免了。**当然，大部分人都可以接受酒席上偶尔的失礼，但是如果给身边的人带来麻烦还不知检点，那问题就不一样了。**你试着换位思考，如果有人在好好的酒席上无缘无故就找茬吵闹或大喊大哭，你的心情会如何？如果是同事之间也许可以容忍一两次这种行为，小打小闹也可以看做是撒娇，但也仅限于你并没把事情闹大。如果习惯于情绪一低落就敞开了喝酒，那么等借酒消愁的方式成为你的习惯后，又把这种习惯不分场合地带到所有酒桌上，万一出现烂醉的丑态和撒酒疯的行为，那么别人就再也不会愿意和你喝酒，代表公司出席酒会之类的活动，同事因觉得你会丢脸而没人愿意带你去了。

有一些"撒酒疯"的话，很容易酒后失态从嘴边流出来，我记录一些，你一一对照，有则改之无则加勉：

1. 酒过三旬，开始无所顾忌地批评公司的运营方针或某个特定的任务；

2. 满腹牢骚地诉说上司的缺点或咒骂上司（再怎样气愤难忍或酒后糊涂也不该犯如此低级错误）；

3. 对自己的工作成绩夸夸其谈，或者委屈地为自己的错误不停申辩；

4. 得意地炫耀自己的各种内幕，甚至透露应该保密的信息来显示自己的灵通；

5. 喝醉后没有酒品，做出哭闹吵架随地乱吐的失礼行为，严重影响到了别人。

喝完酒以后的反应比喝酒前的准备更加重要，两方面都要兼顾，尤其你的酒品直接影响别人对你的直观印象，很多人都把酒品和人品直接挂钩。如果你参加了无法回避的酒席，而且整个晚上都在不停地喝酒，那等到凌晨散席时你也要马上回家休息补眠。"玩得太晚了"和"玩到夜不归宿"可能只在时间上有差别，但外人谈论起来这两种说法可是千差万别。如果你在酒会上乐不思蜀玩完通宵就直接回公司的话，等于给了别人借口说你私生活紊乱，到那个时候你只有一个人郁闷和委屈了。

而散席之后的回家问题也要小心，如果你不是醉得迈不开步子，那最好是单独回家。如果有人和你同路或送你回家，这样看上去似乎是不错的选择，但普通朋友和只有公事来往的同事关系并不适合这样做。一般来说，回家的路程是放松心情的时候，累了一天应酬了一天，趁着这段路程整理整理思绪是最好不过的，但如果身边一直有不算稔熟的人，还怎么放松得下来？情况允许的话最好打车回家，为了安全起见还要记下车牌或者让朋友送你上车。如果因为花费太大而不想打车，那么你就要提前了解市内的交通情况，包括夜班公交车，只要你还保持清醒，就最好选择安全的公共交通工具。

酒席上发生的事到了第二天在公司里还继续讲的话，也是职场的忌讳。玩乐属于夜晚，等第二天上班的时候又将面临另一种新的情况了。酒席正酣时，无论多么注意都会不可避免地犯一些低级错误或是看到别人的某些丑态，不过这些事故的发生地点是酒席，也应该止于酒席。酒桌上大家互相都可以谈天说地聊得尽兴，一些夸张表演都是可以接受的。但不应该把这些带到公司里。职场就是你的团队，既然之前已经说过个人的私事不可以影响团队，那你就该明白酒桌上的故事也属于私底下的故事，不能够再不分场合地继续讨论下去。办公室是办公的地方，永远记住"公私要分明"这句话。每次看到那些将酒席上的笑料当作谈资的人，你是不是也觉得看不过眼呢？

千万要记住，真正的"酒鬼"，总会给自己留后路。聪明的女人最好不要跟男人在酒精上较劲儿，如果逃不过，那就在喝第一杯酒之前就学好真正的酒道，或是在上酒桌前就给自己的酒量或动作划下一个界线。你要是想说"那我干脆不喝酒不就得了"，这明显就违反了规则，直接被红牌罚出局了。参加酒席本身就意味着你已经默认了可以"奉陪到底"的意思，礼仪上也至少该和大家碰一碰杯。只要不是酒精过敏的体质或涉及健康方面的原因，就尽量别拒绝别人递来的酒杯。

❤闺房私语

千万别让自己平时辛苦树立的形象因酒席上的疏忽而崩塌倾覆。普通的职业女性都该了解一些已经根深蒂固的酒桌上的规则，不要去触犯，并且灵活掌握，这才是真正的"酒场女强人"。

7. 贪图小便宜是有些女性的劣根

> "吃亏是福，贪便宜是祸"是她（指洪晃的母亲，编者注）常跟我说的。摸爬滚打了这么多年，我现在对这句话有了很深的体会。无论什么时候，只要实实在在、堂堂正正地做人，总会赢得别人的敬重。
>
> ——中国互动媒体集团 CEO 洪晃

"公家的便宜不占白不占"是很多人心里的小算盘，一个笔记本或者一件多余的促销礼品可能很自然地就被员工揣进了自己的口袋。女孩子更喜欢贪图这样的小便宜。

这么做乍一看没什么，其实从长远来看，这种坏习惯是会影响职业生涯的。因为"小便宜"终究是歪理，要藏着掖着不让人知道，万一走漏风声是要被人瞧不起的。你看那些 CEO、总经理什么的，哪儿有靠小偷小摸钻空子起家的？所以，进了职场你需要严格要求自己，不要在这种蝇头小利上让自己被人抓小辫子。

在一次招聘会上，北京某企本想招一个有丰富工作经验的资深会计人员，结果却破例招了一位刚毕业的大学生。他们改变主意的起因只是一个小小的细节：这个学生当场拿出了两块钱。

当时，这个学生由于没有实际工作经验，面试的时候表现差强人意。在最后关头，他掏出两块钱对主考说："即使不录用我，也请你们给我打个电话。请告诉我，在什么地方我不能达到你们的要求，在哪方面不够好，我好改进。给没有被录用的人打电话不属于公司的正常开支，所以应该由我付电话费，请您一定打。"

主管招聘的人事部经理当场拍板说："不用打了，我们录取你了。就冲你公私分明的良好品德，这更是财务工作不可或缺的。"

不占用办公室的电话打私人电话；不将公司的财物带回家，哪怕是一把废椅子或鼠标垫；不利用工作时间做自己的兼职工作……**公私分明，是老板们非常看重的一点。虽然都是很小的细节问题，但是足以表明你的工作态度。勿以恶小而为之，一个小细节都可能成为上司喜欢你或者讨厌你的理由。**

有些美女好像很聪明，一天中总有办法悄然消失又悄然重现，像个神奇小子行踪不定，其实是在利用上班时间做私人的事情。这种人无法给人以信赖感，没有老板和主管会欣赏这样的员工。

爱占小便宜带来的负面影响，还表现在"回扣"这件事上。回扣，几乎已经成了潜规则，尤其是在采购、销售方面，这几乎是"人人皆知的秘密"。既然大家都拿，为什么我反对你拿呢？因为你很容易掉入别人设下的陷阱。

经典美国情景喜剧《老友记》中有这样一个情节，身为餐厅厨师长的莫妮卡监管采购工作，某天她到原料供应商那里买菜时，对方给了她几块牛排、一个茄子，说是小礼物。莫妮卡根本就没多想，心安理得地收下了，还很高兴地跟朋友们分享了这件事。

谁料想，转过天来，莫妮卡就收到了老板送给她的一盘大餐：炒鱿鱼。原因就是那几块牛排和一个茄子，有人举报她收受供应商的"贿赂"。这个贿赂也太小了，可是物证俱在，莫妮卡丝毫没有辩解的余地，只能光荣"下岗"。

几块牛排和一个茄子，确实有夸张的成分，但是现实的职场里，利用这种手段陷害别人的故事屡见不鲜。我的闺密小艾参加工作后不久就私下里被客户约到咖啡厅密谈，客户给她五万块的提成做诱饵，条件是小艾说服自己的部门经理购买他们的一批设备。

那时是 2006 年，五万块，对于刚刚进入社会的小艾来说简直是天文数字了，而且，它们可以换来 LV 包包、宝姿职业女装和 CK 口红。若说不动心，那真是欺骗人民欺骗党。可是她隐隐感觉这钱不该拿，以她的阅历，她尚且不能看穿其中的利害关系，她只知道这钱见不得光，若是光明正大的，客户也无需私下找她秘密交谈了。

纠结了几天，小艾决定向自己的老板坦白这件事。最终，事情真相大白，原来，那个客户与小艾公司的某高管合伙演了一出戏，他们要拿小艾当诱饵，抓小艾"受贿"，然后以此为突破口，整倒小艾的上司老板。幸亏小艾"富贵不能淫"，才坏了他们的好事，也就意外保全了自己的老板。老板对小艾的评价如何，你也能猜到了。

别忘记：一切利益的来源都是人，没有人就没有所谓利益。如果你得到了一分钱，那么你得到的也就仅止于这一分钱上。但是假如你不吝惜这一分钱，而是把眼光投向更远的地方，那么你收获的绝对要多得多。

❤ **闺房私语** ⋯⋯⋯⋯⋯⋯⋯⋯⋯⋯⋯⋯⋯⋯⋯⋯⋯⋯○

贪图小便宜的时候，我们的心里总是在打小算盘。可是，既然我们有打小算盘的本领，为什么不把它用在工作上呢？认真想想，怎样把手头的工作做得更好，怎样跟老板、同事处理好关系，得到的回报都是光明正大的，我们享用的时候也会心安理得。

★ 高跟鞋行动

1. 让自己成为一个"有用"的人，在工作中能够独当一面。

2. 尽量不要显露出救世主的神色，不管你在组织中发挥多大的作用，也是老板雇佣的一名员工。一旦你威胁他的权威，就有被暗中架空的可能。

3. 按照领导的喜好做事，让他工作起来方便简单，他会越来越倚重你。

4. 学习男同事的优点，不要跟他们形成敌对关系。如果你觉得自己受到了性别歧视，得到了不公平的待遇，不妨心平气和地跟老板谈一谈。

5. 如果是出于工作需要，可以在应酬场合喝酒，但是一定要保持清醒，不可酒后失态。

第六章

"女子"老板PK "好"老板

如果你"遭遇"过女老板，一定有满肚子苦水，她们对下属要求极为严格，她们加班狂，她们自己不谈恋爱也妒忌下属谈恋爱，她们大把年纪不结婚导致内分泌失调精神紊乱，她们即便结了婚也会抛夫弃子狠下心来拼命做事业……在很多人眼里，女老板就是"变态"的代名词，不可能是"好老板"。可是，如果你细心观察，就会发现，再严厉的女老板也会有敏感脆弱的内心，她永远无法摆脱女性特有的母性和女儿性，如果你跟她针锋相对较量，结果不是两败俱伤就是你铩羽而归；反之，如果你摸准她的脾气，用女人的心思对待女人，满足她的虚荣和尊严，就会收获意想不到的"管理老板"的效果。

1. 一山不容二虎，何况是 "母的"

> 大女人并不等于一定要有某种权势和控制力，而是她的心够大、够厚、够宽阔。
> ——资深传媒人士，阳光媒体投资集团创始人杨澜

在很多人眼里，女老板就是 "变态" 的代名词：她们对下属要求极为严格，她们加班狂，她们自己不谈恋爱也妒忌下属谈恋爱，她们大把年纪不结婚导致内分泌失调精神紊乱，她们即便结了婚也会抛夫弃子狠下心来拼命做事业……这种钢筋铁骨的 "女强人"，永远让人望而生畏。如果你的部门主管是女性，甚至企业老板是女性，你一定很头疼吧？

为什么偶像剧、小说等故事情节中总会妖魔化女强人呢？因为传统社会，特别是东方社会，普遍存在着男尊女卑的观念，女性甚少可涉足政治或商业。但是当代职场里，手腕老辣、办事强悍的 "女上司" 越来越多。她们的工作狂热程度和苛刻程度比起那些男领导来有过之而无不及，不但下属里的 "小女人" 会觉得紧张有压力，很多男同胞也叫苦连连。有些美女会采用 "以其人之道还治其人之身" 的方法，既然对方是 "母老虎"，自己也要变成另外一只母老虎跟她一争高下，殊不知，这样只会适得其反。自古都是一山不

容二虎，更何况你们这两只虎一个占尽了先机，吃亏的当然是做下属的。

袁园和她的前任老板就闹得很僵。老板王经理是个女强人，她要求每个员工每做完一个项目，除了要向项目经理交一份书面报告外，还要向执行主任作详细的口头汇报，这可是以前没有过的。袁园认为这样做极不合理，而且费时费力，于是坚决表示反对。

其他同事是怎么做的呢？李小姐坚决拥护王经理的决定，并且不久递交了项目报告，向执行主任做了口头汇报；吴小姐则两边装好人，一方面按王经理的要求做了，一方面也同情袁园的意见；还有一位郑小姐，表面上跟袁园站在统一战线上，私下里却执行了王经理的命令，甚至还把袁园茶余饭后对王经理的不满添油加醋地向王经理打了小报告。

不用我再说，你也能预见这件事的最后结果了。袁园得罪了顶头上司，不得不辞职离开这个效益非常好的公司，另谋出路。

袁园就是个"二虎相争"，最终败北的典型。如果你不想重蹈袁园的覆辙，最好采取"以柔克刚"的方式跟强势女上司相处。**不可否认，女上司身上不可避免地有一些缺点，如敏感、多疑、善妒等，但是心理专家在咨询实践中发现，很多女强人在外叱咤风云、风光无限，论才能、学识或相貌都无可挑剔，可内心总是丢不开一般女人的小毛病，虚荣啦，爱面子啦，容易被感动，等等。利用她们这些弱点，就可以很轻易地为自己找到安全的生存法则。**比如说：

1. 保持适度的距离。男人一般都比较豪爽，所以跟男上司相处是相对容易的。但是，女上司比较细腻敏感，注重隐私和自尊，不容易靠近。所以，即便你同样是女人，也不要无缘无故跟女上司套近乎，否则她会以为你不好好干活只会讨好她，进而对你产生非常不好的印象。女强人在工作上的思维一般是比较直接的，你只需要公事公办，把该做的工作做好即可。

2. 该夸奖的时候要夸奖。女上司也是上司，工作干得出色，下属大方得体地称赞一下是非常正常的。再加上几分女性的虚荣心理作怪，如果你能适度赞赏她的衣着和妆容，她可能面子上保持矜持，心里却会美得开花。相反，如果你只把好话说给男上司或者身边的同事，却把女上司丢在一边，那你就惨了，等着"欲加之罪，何患无辞"吧。不仅如此，连被你赞美的同事都可能成为她的眼中钉。

3. 结交良师益友。如果你的女上司不是那么"铁板一块"不容接近，你可以找机会让她成为你的良师益友。单位中常有女上司被称做"大姐"，不仅因为她们年长，还因其有较高的威信和人缘。她们中的很多人行事公正，以身作则，堪为年轻人榜样。不仅如此，仔细了解你还会发现，她们在为人处事和持家等方面的生活经验，也都值得年轻人学习。如果你有幸遇到这样的女上司，最好赢得她的信任并成为她的朋友，会在事业上和生活中都受益匪浅。

以上三点的关键所在，就是要理解女老板的苦衷。毕竟，若非家族企业，女性要在职场中与男性一较高下，除了需拥有相当的学识经历外，还要克服先天在体能上的劣势及家庭对女性所赋予的较高期待。她们除了要像男性一样在工作中日理万机，对家庭的付出也不容忽视。这对一个在工作中有成就的女性而言，承受着双重压力。她们还背负着与男老板不同的社会成见，如：

男人愤怒是适当发泄；女人大声是泼妇骂街。

男人提早下班回家接小孩叫做新好男人；女人提早回家则是公私不分。

男人落泪是感性；女人掉泪是煽情。

丈夫薪水高过妻子是正常；妻子薪水多过丈夫则非一般。

男人职位高于女性是合理；女性职位高于男性叫强人。

男人能干叫优秀；女人能干叫厉害。

男人追根究底是负责；女人追根究底是心眼小。

男人拼命是上进；女人拼命是不幸。

男人工作叫事业；女人工作是副业。

……

面对社会给予男女这么多不一样的看法，女老板的心理负担会加倍沉重。如果你在跟她们相处的时候顾及这些，不要戳到她们的伤心处，并且适当安抚，就能跟她们和平共处。

总之，人人身上都有长处，你想在女老板手下过得轻松些，就要顺着她的意思做事。不要被世俗偏见里"女强人"的负面形象吓到，而是要一切以工作为重，大度自信，什么事都会由不如意转成如意的。

❤**闺房私语**

吓不走、打不退、咬紧牙、顶风上、顺坡爬是应对女强人的基本手段。如果她是母老虎，你不该做打虎武松，而是要做"小老虎"，在她面前示弱露怯，满足她的控制欲，她自然不会刁难你。

2. 如果"女魔头"穿Prada，你就别穿啦

> 从艺这么多年，我更多地学会了警惕和小心，演艺圈的确复杂，所以我尽可能的和圈内少接触，但我觉得遇到事儿也不用害怕，因为任何事都不可怕，而且人活一世，总要经历各种各样的事情，不经历就不会成长。
>
> ——女星李冰冰

　　如果你还没有看过《穿Prada的女魔头》，你就真的OUT啦，快去找来看。这是一部糅合了喜剧、爱情、时尚及职场技巧众多看点的大戏，老戏骨梅丽尔·斯特里普和大美女安妮·海瑟薇的精彩演出也会让你大呼过瘾。

　　呃……我怎么给电影做上广告了呢，跑题了跑题了，说正事。这部电影的故事背景是一家顶尖级的时尚杂志社，故事的亮点之一就是杂志主编（一个苛刻严厉的女魔头）与新来的助理（一个职场菜鸟）之间的矛盾冲突。所以，如果你还没有完全掌握处理上下级关系的技巧，如果你恰好也遇到了一个让你头疼的女老板，一定要看看这个片子。跟着安妮·海瑟薇哭过笑过之后，再看我这一篇分析，就更容易领会我要说的意思了。

　　跟女魔头老板相处，最大的忌讳之一就是在她面前显贵。这么

说吧，如果她穿了一条 Prada 本季最新款的裙子，你最好不要在她面前穿。我的好友晶晶就曾经有个穿衣方面的滑铁卢败仗。她曾经就任于一家房地产公司，上司是一个三十七岁的女人，未婚，甚至没有公开的男友。这位女上司终日不苟言笑，穿衣服非常拘谨古板。仔细观察的话，她穿的确实是货真价实的宝姿、范思哲等职业女装，可是不知道为什么，衣服到了她的身上总有点儿不对劲儿，让人看着没有眼前一亮的感觉。

晶晶是出了名的爱美的，读书那会儿就对名牌女装垂涎三尺，老爸的工资一大半都被她换成了 Lee 牌伤痕裤。看到自己的女老板如此不懂穿衣之道，她就忍不住牙痒痒去提宝贵建议。起初，女上司还"嗯"、"啊"地答应两声，还对她道谢。傻晶晶还以为老板像她其他的闺密一样感激她。可是后来她发现，女上司看她的眼神儿非常凛冽，似乎总在她的衣服上上下游走，企图把她的每一件衣服、饰物都扒下来。晶晶暗道不妙，立刻跟老板保持距离。不管女老板穿什么衣服、搭配得多么不讲究，她再也不敢提意见了。

某次，公司举办酒会，要求职员都正装出席。晶晶兴高采烈地穿了一件小礼服裙——那可是她花了大半个月的薪水换来的呀。为了出个风头，肉痛也值了！没想到，让她更肉痛的事情发生了。她的女老板刚好穿了跟她同一系列的同一款礼服裙，但是她的身材远远不如晶晶，上下级站在一起的时候晶晶大大压住了老板的风头。整整一个晚上，女老板的脸都是黑的。从那天开始，晶晶就把自己所有高档时装都塞进了衣柜，并且不敢买最新款的衣服，再不敢对女上司的穿衣打扮妄加评论。但是，最终，她受不了这种折磨，跳槽离开了。

美女晶晶用她惨痛的教训告诉我们，在老板面前显贵真的不是高明之举。如果你的女上司非常时尚、懂得打扮，并且喜欢跟下属们讨论穿衣经，那倒不错。可是，**大多数女强人是不喜欢花费太多时间研究这些的，她们穿套装也多半是为了简洁和职业需要。如果你穿得过于时尚，她会以为你对工作的专注度不够，把过多的心思浪费在穿衣打扮上面。**

不能在上司面前显贵的另外一个重要原因是：她真的会以为你很"贵"。想想看，如果你手头拮据，怎么会一年到头新衣服不断，从头到脚都是名牌。你说是老爸给的，她会以为你"啃老"，鄙视你。你说是老公给的，她会以为你"傍款"，鄙视你。你说是自己买的，好，她会觉得你的薪水太高了，不用给你加薪了！

所以啊，姐妹们，漂亮衣服还是穿给男友和老公看吧，到了职场，在穿衣打扮方面就随大流吧。常言道，"腹有诗书气自华"，只要您工作干得漂亮，气质优雅如兰，就是跟大家穿一模一样的制服也会鹤立鸡群的，犯不上买那么贵的衣服既费钱又招老板妒忌。

♥闺房私语 ··○

如果你就是一个无可救药的"新衣狂"，不买高档时装你就生不如死，那就比女老板晚上那么几天。你可以说："您穿着实在好看，我忍不住也买了一件。"甚至可以说："我这是高仿的，哪能跟您的比呢。"反正要让她高高在上的面子得以保全，否则，她会觉得你故意抢她风头。

3. 自谦，但别自卑

> 人品要好，心地要善良，如果心地不好眼神
> 就会受影响，相貌就会不漂亮。
>
> ——女影星张曼玉

　　从古至今，谦虚的人无论到了哪里都会受到欢迎，无论是温润如玉的谦谦君子，还是知书达礼的窈窕淑女，谦虚都会衍生出一种温婉恬淡的柔和之光，让人没有办法拒绝。所以，谦虚表面看似是退让，实际在退让的过程中已经得到了自己想要的东西，那就是好感。

　　在女老板的面前，我们更要坚守自谦的品质。**在人的潜意识当中都喜欢温和无害的东西，对任何带有攻击性的事物都会产生抵触心理。谦虚正是将自身的锋芒收起，以一种无害的姿态呈现在别人的眼前，所以更加容易让人接受和喜爱。**既然女老板心细如发丝，对权力和等级格外敏感，我们不妨以谦虚的姿态对她，让她明白我们对她的位置毫无野心。

　　虽然，现代职场越来越注重自我的表现和个人能力的表达，但是这种表达也是有技巧的，并不是你标榜自己如何有能力、有才华，别人就会照单全收、一致认可的。别人并不是傻瓜，你的能力究竟

如何还要看时间的验证。假如你夸夸其谈，很容易给人留下骄傲自大的形象，你尚未跟女老板过招，已然被判了无期徒刑。因为，在每个人的心目中都有一种对自我的盲目崇拜，你在对方面前把自己抬得这么高显然是在无形中打压对方的形象，因此不受欢迎也是情理之中的事情。学会婉转谦虚地表达自己，既要说明问题又能表现出一种深藏不露的神秘感，才会让你更有吸引力。

懂得自谦的女人往往平易近人，因为她已经将自身的娇气、傲气和浮躁气统统过滤掉，所以呈现出来的是一种平和之气，这种气息让接近她的人感觉到一种安定和平静。跟她相处会很舒服，因此就让人愿意跟她在一起。就算是盛气凌人的女老板不愿意当面夸奖你，但是她内心深处还是会对你赞许有加的。

当然，让你谦虚并不代表你没个性、没脾气，更不代表忍气吞声。相反地，正是因为有个性，才懂得将自己的脾气收敛起来。这是一种自我控制的能力，只有真正有能力的人才能完全掌控自我。所以，自谦绝对不是被动地忍气吞声或者委曲求全，而是已经掌握了整个局势，知道怎样做才是进退有度、才能解决问题。

说到这里，你应该已经意识到，自谦其实是一种内在的自信，而不是自卑。自卑是因为害怕自身能力不足或者暴露缺陷导致的负面心里，而自谦是因为能够把握自己、把握局势的进退有度、胸有成竹，自谦不仅不是自卑，而且是非常自信的表现。

在你的女老板面前表现得自谦，既看到她的长处，同时也不会抹杀自己的长处，你还可以光明正大地以她之长补你之短，达到学习的目的。**没有哪位管理者会拒绝一个虚心学习的下属，即便她平时像女王一样难伺候、像刺猬一样难靠近，在一个谦逊的求教者面前，她也会知无不言言无不尽。**

记住，你可以谦虚地向她请教问题，但是不要因此而感到自卑。你的级别比她低，只是来得晚罢了；你的工资比她少，只是资历浅罢了；你的人脉不及她广泛，你广结善缘就是了。这些差距的造成不是你能力的问题，你完全没有必要因为这些而自卑。自谦，恰恰是解决这些问题的方法之一。只要你跟女老板关系好，还愁加薪、升职这些事？

相反，如果你表现得自卑，她会觉得你好欺负、没志气。越是好强的女老板就越希望自己的下属像她一样好强，你总被消极的自卑感笼罩，事事谨小慎微，遇到难题就后退，沟通时显示出退缩，因为内心的害怕和不安，让自己的思维完全没有逻辑，谈话的内容含含糊糊，眼神游移不定……这些只能让她更加小看你，踩你！

所以，在女老板面前，既要表现出谦虚，又不能显露出自卑。不管对面坐着的那个人拥有怎样的势力背景、奇迹传说，她也不过是一个血肉之躯，还能吃了你不成？只要你拿出小时候妈妈教育你成为小淑女的那套谦虚礼仪，管她是母夜叉还是母老虎，都不能奈何得了你！

♥闺房私语 ●────────────────────────○

真正的现代淑女，无论对面的人是达官显贵，还是对面小区收垃圾的，都可以做到谦恭有礼、不骄不躁。因为你知道在比你强的人面前你没有什么好炫耀的，在不如你的人面前你的炫耀也只会表现你的心虚和浮躁。你很清楚：你够自谦是因为你不自卑！

4. 送礼物，却不是贿赂

> 礼物对我来说就是向那个人接近的心灵之路。我认为这才是"礼物的真谛"。
>
> ——钢琴家卢暎心

女性从本能上就喜欢小礼物、小玩意儿，这是男性无论如何也领会不了的。如不相信，你可以留心观察，即便是表面冷若冰霜的"女强人"，她的手机链也会是个精致玲珑的小物件，她的办公桌抽屉里一定有可爱的小玩具，或者隐藏得深一些，她的家里也会有很多可以抱、可以靠的毛绒玩具。若是在节日或者生日收到礼物，再酷的女老板也会心花怒放——掩藏得再好，你也可以看到她眼睛里流露出的欣喜光芒。

既然女人有这个特点，我们不妨投其所好，在恰当的时间送给女老板一些小礼物，表示我们的友好和关心。**你可以借助一点小小心意向上司表达谢意，比如在一些特定的节日送去一件小礼物，或者你去了某个地方度假，带一点特产、纪念品表示你的心里有她。这看起来微不足道的小礼物更能体现出你的细心和体贴，没有人会拒绝和非议的。**

身为钢琴家和作曲家的卢暎心在《礼物》一书中写道："逛街时忽然发现心仪的东西，随即就想起适合它的人，然后在心里想象着把它当作礼物送到别人手里看到接收者那高兴的眼神……这就是我送礼物的真实心理历程。因此礼物对我来说就是向那个人接近的心灵之路。我认为这才是'礼物的真谛'。"

卢暎心独具妙心的地方，就在于她每次都可以准备适合每一个人的礼物，从而让对方感动。如果你想"收买"女老板，这一招是非常有效的。

需要注意的是，千万不要把这份饱含心意的小礼物弄成"贿赂"。礼物和贿赂之间的距离只有一线之隔，比变脸的速度还快，简单的送礼有可能就成了有特殊意义的贿赂。因此，虽然没有具体的规定，但我们在送出礼物时还是不能超过一定的界限，这是最为重要的。尽量不要让自己的举动给别人带来负担，而且还要严格遵守亲疏有别的尺度规则。

台历、钢笔等和工作有关的办公用品是司空见惯的选择，而且也非常安全。可能有人认为这种礼物太过单调，但是它们是最稳妥的选择了。此外，谁都不会讨厌电影票、歌剧票等令人开心的小东西。条件允许的话，以对方的名义捐献慈善事业后，将感谢信或确认函送给对方是非常罕见的礼物，会给对方带来极为深刻的印象。

至于服装、润肤霜、沐浴用品等都是显得过于亲密的礼物，应该尽量避免。零食之类的更是不能拿到女老板面前，虽然你是好意去跟她分享，她却会认为你不好好工作，利用公务时间吃吃喝喝磨洋工。此外，在工作进行中送出礼物也是不好的现象。不仅会妨碍到上司的工作，而且还有可能让招来同事们的非议。

❤ **闺房私语**⋯⋯⋯⋯⋯⋯⋯⋯⋯⋯⋯⋯⋯⋯⋯⋯○

送礼物的时候一定要向老板表示出诚意，还要让她明白，并不是单单她一人有礼物，你给团队里的同事姐妹都送了，这样她才不至于误解你的好意。

5. 积极和越级的分寸，确实很难拿捏

> 如果不停地想着自己要什么，散发出"我要"的气场，别人不会靠近你。只有散发出"我就是幸福"的气场，别人才会喜欢亲近你。
>
> ——女影星林依晨

闺密前些天跟我诉苦，说自己的女上司是个说翻脸就翻脸的"巫婆"。我问她具体原因，她说："她让我积极向组织靠拢，多跟领导沟通。可是有一次我跟公司大老板在走廊里谈话，被她撞见了，她满脸都是不高兴，当天下午就批评我不好好做手头工作出去闲逛。"

原来，闺密的女老板看到她越级跟大老板谈话，在暗自"吃醋"了！这也不怪闺密，积极和越级的分寸，确实很难拿捏。作为企业的低层员工，当然希望有机会跟高层领导接触，一方面是学习东西，更重要的一方面是为自己找个靠山。谁知道哪片云彩会下雨呀，万一自己可以受到大老板的关注，直接"连升三级"，岂不美哉！

有这个美梦可以，但是不能忽略一个残酷的现实：职场是有等级的。**职场永远是个等级森严、"阶级"对立的场，有着极为鲜明的秩序。就算你跟大老板关系不错，也应该守住自己的本分，不要过分亲密，更不要让旁人知道你们的亲密，尤其不要让女老板知道你们的亲密。**

有句话说："你是上司的人，上司却不一定是你的人。"职位高低，这是不容置疑的客观事实，你和上司之间存在着这个差别，就

注定你们不能像光屁股发小儿一样亲密无间。就地位而言，他是你的大老板；就感情而言，是你在巴结人家；就利益而言，一般是他给你，而不是你给他。一旦被你的女上司发现你有这个动机，她会把你攀高枝的企图扼杀在摇篮里。

你不信？我可以帮你分析一下理由。

第一，你的女上司如果是靠真才实学苦干实干上去的，必定会以同样的标准要求下属。你想搭上直通车，借助大老板的力量跟她平起平坐，甚至超越她，简直是做梦。

第二，你的女上司如果是靠关系上去的，必定会以同样的心胸揣测别人。你跟大老板多说一句话，她就会以为你在拉拢关系。

第三，你的女上司如果能力一般，凭借"无功无过"的中庸之道混入了领导层，她最惧怕的就是有心计、有能力的女下属。这样的人会对她的地位构成威胁，一旦你成为她的眼中钉肉中刺，她会留着你才怪。

不要不服气，所谓领导，就是你的长官，是你的上级，是领着你给你指方向的人，你的天职就是听从。如果你的行为挑战了她的威严，她的敏感神经发作，一定会给你点儿厉害瞧瞧。在这一点上，我对女人之间的"友情"没有丝毫信心。如果一起逛街、买衣服、品评男人、聊八卦，这都是 OK 的，一旦到了职场里，女上司和女下属绝对不可能有友情，她们只会把权力攥得更紧，把利益分得更清。虽然有时领导会在某个场合说："什么领导不领导的，只不过是机遇好一点，给大家当当班长，我们都是弟兄姐妹，是朋友。"这时你可千万不能当真，即使是酒后吐真言，但十有八九是在别人面前表现自己的平易近人、礼贤下士作的秀。所以，你与自己上司超越职务的亲近，可能麻烦事情就潜伏着了，领导和你亲近，其实绝不是为了和你做可以交心的朋友，而是让你更好、更忠实地为他服务。

即便是你碰巧得逞，越过女上司的阻碍，直接跟大老板搭上了关系。但是，只要你一天没有调离这个部门，一天没有成为大老板身边的亲信，这个女上司就还是你的上司。你终究是她案板上的肉，你往哪里逃呢？越级的罪名你是担定了，早晚会有一个"欲加之罪"将你扫地出门。

积极和越级真的只有一线之隔，所以，不管你是多么积极的人，多么渴望跟大老板交流的人，一定要注意场合与分寸，千万不要让你的女上司知道这件事。更不要妄图"狐假虎威"，在她的面前炫耀你跟大老板的关系，否则无异于伸出脖子来等她下刀。

❤闺房私语 ···○

永远记住，职场是个讲究利益、以利益为第一准绳的场。等级、关系跟利益有直接的联系，所以各个级别的老板们都对这一点极为敏感。一旦你积极过了头儿，越级去争取利益，你就成为她眼中的"反动派"，她迟早会通过别的手段给你"穿小鞋"。

6. 女人渴望倾诉，但是要找对人

> 人们更热爱你的绯闻胜过你的文字，更关心你的胖瘦而不是你灵魂的斤两，更愿意把它解读为你自怜自恋而非真诚的思考。
>
> ——女影星张静初

有些女孩可以很好地跟女老板处理关系，在工作上合作得很默契，便不知不觉把老板当成朋友，无话不说，分享了很多隐私，特别是对某位主管或公司大老板的不满，甚至是对某位男同事、男上司的好感，殊不知，这是职场中的大忌。

我们反复强调，职场是一个做事情的场，是一个盈利的场。上下级之间是合伙做事为企业牟利，然后各领各的薪水。但是不要忘记，你们之间又存在成为潜在竞争对手的可能，就像俗语说的：要饭的看不惯讨米的！特别是涉及职称评定、升职等。你跟上司差的级别多也就罢了，这对她够不上威胁；倘若你们之间相差的仅仅是一级甚至是半级，你就是她潜在的竞争对手，说不定她就会拿出那些"私房话"来作为伤害你的利器。

有的女孩不信邪，认为自己身正不怕影子歪。特别是现在年轻的白领中间流行一种"同事文化"的社交方式，上班时默契配合，下班后一起逛街、泡吧，关系貌似很和谐。但是，这种看似"惬意"的生活其实也潜藏着危机。你们一起吃午饭、一起下班、周末一同逛街，甚至挤在一起窃窃私语，自己是 happy 了，却给别人造成困扰。因为你们的"友情"会影响他人的情绪，更会引起公司上层领导的关注。他们会暗地揣测：这一上一下两个人在一起会有什么聊的，是不是在讨论公司里的秘密，是不是拉帮结派，是不是在搞小圈子大阴谋？久而久之办公室里就会产生一种不信任的氛围，而这种误解和猜疑的负面情绪在组织内部的传播速度往往比正面情绪来得迅速。

所以，跟上司的相处，不管你们工作上多么默契，最好还是保持距离，你们可以一同吃喝玩乐，不可谈任何实质问题，更不宜交心。因为说不定哪天你们的位置和关系会发生改变，到时有些往事造成的影响就很难说了。

当然，家家有本难念的经，**如果你家里真的发生了令人头痛欲裂的烦心事，搅得你工作没有激情上班没有斗志。这种时候你可以向上司坦白自己的困扰，但切忌竹筒倒豆子一般和盘托出**。很多说法都可以既让上司理解你的状况又不会影响他对你能力的肯定，比如说："目前我个人方面正面对很多事情，虽然真的很难解决也让我很难受，但是公司对我来说非常重要，所以希望我最近有些欠缺的表现没有影响到我的正常工作。以后我会更加努力地去工作，即使再大的困难也会克服的。"这样的说法就显得很让人舒服，上司也会意识到问题的存在，并不会因此否认你是有能力的职业女性，甚至会给你一段时间去调整休息，或者激励你要继续努力。

话说到这里似乎有人会误会我想要表达的是"不该在公司里诚实"的观点，显然这并非我的本意。其实我想要说的是，在公司里不能过度诚实。凡事一定要有个度，超过尺度的话任何事情都会变质。连夫妻之间都有不能说的秘密，何况是竞争激烈的职场？会有这种想法的人实在是不适合团队生活。

在谈论私事时要看场合，还要分清什么话该说什么话不该说，而且选择好倾诉的对象尤为重要。什么事都要有一个尺度。有些禁忌话题要留意，如薪水、感情婚姻、宗教、政治……不注意的话，小心会惹祸上身！尤其是在洗手间、茶水间、休息室这种人多嘴杂的地方，更要注意自己说话的方式。

现在，我可以教你一些职场安全答案，如果有人问你，你可以这样应对。

问："为什么来公司？薪水多少？××都做了几年了，还没加薪呢！"

答："自己来应征的，待遇还可以，加薪水的事应找主管谈吧？"

问："我们公司没什么前途，我不想做了！"

若该员工不是很敬业，则答："工作不好找，边做边找吧！我也帮你留意看看！"

问："这次民意选举部门经理，你选谁？"

答："你呢？""还不知道呢！""再看看呗！"

问："你上司是不是很严格，压力大不大呀？"

答："还好，谢谢关心！早适应了！"

问："你有男朋友吗？"

若不想回答，则答："（微笑）跟这个月的奖金有关系吗？"

问："听说你老板×××，是不是真的呀！"

答："我们这样谈论主管不好吧！"

问："听说×××要辞职，×××要升迁？"

答："是吗？人事公告下来就知道了！"

这样回答，答了好像没答，避重就轻。很像打太极拳。身在职场，这是看家本领呀！

❤ 闺房私语 ···○

如何在"曝私癖"和"不合群"两者之间找出一个平衡点，才是你要学习的重点。游刃有余地处理公与私的问题，一切尽在你的掌握。

7. 惺惺相惜吧，"白骨精"都是"熬"出来的

> 时光可以是一位好朋友、好老师，每一天，我都从其中获得教益，不断丰富自己的内心，而内心的强大，会让我保持好的心情，从容面对一切，外在的年轻，当然是顺理成章的事。
> ——主持人许戈辉

女人走出家门在职场中打拼不过是近百年的事，大多数职场规

矩还是男人定下的，这些标准主宰着今天的商业环境，束缚着女性的发展。**职场是没有硝烟的战场，没有谁会因为对手是女性而手下留情，职场不分男女，老板眼里没有性别**。如果你想胜出，就得以显著的优势压倒别人，证明你的价值。要做到这一点，就需要长久地历练，能力的培养和性格的塑造都是一个漫长的过程。你那位高高在上的女老板，看上去气派威严，却也是经历了多少坎坷和挫折"熬"出来的。所以，换个角度看，她对你的严厉甚至是苛责，也许是你成长过程中不可缺少的一副"催化剂"。在它的催化作用下，你也能"熬"成她那样的"白骨精"。

熬，有两方面的意思，一是时间漫长，二是艰辛困苦。

都怪张爱玲大美女一句"要出名趁早"，现在的人都追求在年轻时候功成名就。特别是女孩子，最娇嫩的十几岁耗费在学校里，最美好的二十几岁又辛苦地在职场里摸爬滚打，很多人觉得自己"亏"了。可是你算算看，真正像张爱玲那样早早出了名的又有几个呢？

有一次，记者采访某位女星，问她小时候的梦想是什么。她说："我希望像山口百惠一样，早早出名，又早早淡出，只和一个人吻过。"山口百惠是上世纪80年代红遍中国的日本女明星，很年轻的时候达到了事业的巅峰，并且嫁给了搭档三浦友和，然后回家成为全职太太，放弃了如日中天的地位。其实，婚后的山口百惠过得并不好，三浦友和虽然是英俊小生，可是红了一阵子之后就没有市场了，夫妇俩生活得非常艰难。山口百惠并没有像现在的很多女星似的"复出"，而是选择嫁夫随夫，心甘情愿地过清贫的日子。

我想，如果知道了山口百惠日后的窘境，那位女明星就不再羡慕她了。能够早早成名固然好，可是昙花一现的荣耀，又怎能为后半生提供取之不尽用之不竭的财富呢？还是一步一个脚印来得实在，稳步地提升，慢慢地绽放，沉淀之后的芬芳最是迷人。

陈数，是《暗算》中冷静优雅的数学家黄依依，是《新上海滩》中风姿绰约的风尘女子方艳芸，是《倾城之恋》中旧上海闺秀白流苏，是话剧舞台上艳丽沧桑的陈白露。圈里人评价她是：亚洲新生代青衣的领军人物。

青衣，在旦行里叫正旦，扮演的一般都是端庄、严肃、正派的人物，比如陈数和蒋雯丽。花旦则更俏皮一些，比如周迅和赵薇。很多女孩是从花旦开始的，靠机灵古怪、俏皮灵巧出名，而陈数一开始就是青衣，用她自己的话说，也许是沉淀的缘故。

陈数并不是专业演员，在出演电视剧之前，她在东方歌舞团跳了整整七年的舞蹈，印度、非洲、西班牙、日本的舞蹈统统跳过。练功房的地毯上，每一寸都浸透了她的汗水。后来，一个偶然的机会，她在成方圆的《音乐之声》中扮演十六岁的大女儿，并且凭借这部戏脱颖而出了，《音乐之声》的导演推荐陈数去考中央戏剧学院，陈数还真就考上了！上了学的陈数像个终于找到目标的孩子，每天在图书馆、教室、宿舍度过，不出去玩儿，也没接戏。毕业之后她还是不愠不火，精挑细选地接戏。就像她的名字一样，陈数，心里有数，好像她知道时间到了她就能成功似的。终于，她演的"白流苏"在"首尔电视节"荣获最佳女主角的提名奖，陈数开心地笑了。

至于"熬"的第二重意思，我们就不难理解了。**没有哪位"白骨精"是在玩笑中获得成功的，无不付出了身心双重疲惫的代价。**现在万众瞩目的跳水女皇郭晶晶，成绩好，爱情顺，但是背后的代价谁知道呢？由于常年高台跳水的冲击，她的视网膜受到严重损害，甚至有失明的危险。

　　根据英国《金融时报》最新评选的 2009 年全球五十位杰出女性
CEO 结果显示，格力电器总裁董明珠排在所有华人女 CEO 之前，
名列全球第九，而这一次已经是董明珠第五次上榜。全球性的认可
使董明珠成了无可替代的女性偶像，无数营销行业的晚辈将她奉若
神明，都想知道她是如何取得成功的。董明珠说："唯一的办法是要
自己先放弃性别之差，只要愿意付出，能吃苦就一定会被认可。"

　　是的，很多女人都梦想过上安逸享乐的日子，吃喝不愁，钱随
便花，奢侈品随便买。可是，真能实现这个梦想的女人有几个呢？
更多的人是在麻烦成堆的现实生活中付出眼泪和心血，在苦难的磨
砺中成长并成熟。作为女人，如果没有出生在显赫的家庭里，如果
没有身居高位的父母帮衬，如果没有飞来横财，如果没有出卖美色，
如果没有像灰姑娘一样遇到拯救你的王子，那么，你就必须学会用
辛苦的汗水和聪明的才智为自己创造美好生活。想到这些，你是不
是要对那位不苟言笑的女老板有一丝惺惺相惜呢？

♥闺房私语 ────────────────────────○

　　不要害怕时间摧残了你的容颜、苦难磨顿了你的心智，生
活的历练只会让我们更柔韧、更豁达、更智慧。经历此番上下
求索，我们会成为更加迷人沉香的"女人花"。慢慢熬吧姐妹
们，"白骨精"是需要千年修炼的！

★ 高跟鞋行动

1. 跟女老板相处，最好的方法是相安无事、和谐共生，不要跟她敌对。如果她是个强势的人，你最好示弱。

2. 在穿衣方面，最好比女老板低一个档次，不要比她的花哨，不要比她的时髦。即便她是个非常前卫讲究穿戴的人，你也不要为了讨好她而向她的穿衣风格靠拢，她很可能怀疑你抢风头。宁可被她说"土"，不能让她说你是"花瓶"。

3. 谦虚一点，即使有八成的把握也要说成六分，宁可让她看扁你，也别让她把你当成假想敌——只要你把工作做得漂亮，她嘴上不佩服你心里也会重视你。

4. 适当送些小礼物，表现出你的诚意和体贴。

5. 不要越过上司去结交她的上司，那样会让她误以为你要将她取而代之，她会先一步除掉你以绝后患的。

6. 可以跟上司成为默契的工作伙伴，但是绝对不要把私人的事情拿到办公室跟她说，那样会显得你很不职业，也会招来她的反感。

第七章

踩上高跟鞋，跟上老板步伐

"高跟鞋"与"裹小脚"的本质区别就在于，前者是自愿，后者是被迫。穿着高跟鞋的女人们身姿挺拔、姿态优雅、信心满满、纵横职场，裹小脚的女人们却饱尝身心煎熬，经济上没有自主权，完全依靠丈夫生活，没有半点自尊幸福可言。所以，女人从爱上高跟鞋的那一天起，就要享受自己的自由。再也不要固步自封，把自己束缚在狭小的天地里，大胆去发挥你的聪明才智吧，跟上老板的步伐做他最得力的助手吧，毫不犹豫地为自己投资充电吧，用你的睿智、敏感、勤奋和努力创造价值，谁敢说你是个好吃懒做的"米虫"？

1. "高跟鞋"与"裹小脚"的本质区别

> 拥有好的鞋子的感觉赛过和男人做爱。
>
> ——女星麦当娜

《重庆森林》里，金城武用自己的领带为林青霞擦她那双白色高跟鞋时说："一个漂亮女人的鞋不可以风尘仆仆。"现在你就是那个漂亮女人，你的脚上穿了一双什么样的鞋子？是做工考究款式新颖的高跟鞋，还是邋里邋遢、跟套装毫不般配的球鞋？千万别告诉我答案是后者。

不要小看一双鞋子，它跟女人的社会地位息息相关。中国最有特色的"国宝"之一就是女人裹小脚。缠足具体的起源年代尚有争议，但是这个陋习被延续了一千多年，主要目的就是限制女人的自由，把女人禁锢在闺阁之中，对她们的活动范围加以严格的限制，以符合"三从四德"的礼教，从而达到按男子的欲望独自占有她的目的。缠足还会使女人的体态和性生理发生变化，从而成为更好地承当延嗣后代的生育工具。

现在，这个噩梦已经成为遥远的过去，我们可以随心所欲地选择喜欢的鞋子和喜欢的生活方式。再不会有人强制你在家里围着灶台转，充当洗衣机、保姆和保洁员，你有更广阔的社交圈子、职场圈子和娱乐圈子。为什么不挑选一双美丽的鞋子，开始你的职场秀？

"爱情会逝去，但高跟鞋永远都在。"《Sex And The City》中 Carrie 这句至理名言不知鼓舞了多少女人义无反顾地在鞋店里刷爆了信用卡。不可否认，穿上高跟鞋的你确实有种不一样的味道。没错，你的小腿变得修长，身姿变得挺拔，自然而然地挺胸抬头，轻移莲步便摇曳生姿——你增加的绝不仅仅只是那几厘米的高度，而是一种来自内心的自信和风度。从高处看，世界果然更美丽。

所以，很多时候高跟鞋对女人而言就像是安徒生童话中的那双红舞鞋，穿上后会让你舞姿曼妙、身段优美，可以让你获得赞誉和欣赏，可以满足你最大限度的虚荣心，只是穿上后就再也停不下来、脱不下来，原来穿高跟鞋也会让人上瘾。就像维多利亚说的那样："被人看见我穿平底鞋简直就如同世界末日一样。"这位前任辣妹、现任贝嫂用自己的行动证明了她也的确不会不穿高跟鞋就出来见人，每次上街她所穿的鞋没有鞋跟低于 10 厘米的。不管这个女人的相貌是否值得恭维，但各种款式的超级高跟鞋确实为她本来就看起来不赖的身材又增色不少。

当然，那高高的鞋跟儿可不是个让人感到舒服的东西。所以，全世界的女性都在追求一条"更高、更稳、更强"的高跟鞋之路。尽管鱼与熊掌不可兼得，但是选择高品质的鞋子依然会让你的脚感到舒服，价格虽然是贵了点，但是总好过重心不稳、满脚血泡以及连死的心都有的痛楚感。**不论你上面穿的衣服多么廉价，一双好鞋都能够提升你的品位和身价，尤其是在"看人先看鞋"成了判断一个人身份标准的今天。所以，任何时候都不要让自己的鞋子露怯。**我们需要的不是款式和价格，而是品质，想必你也不愿意在别人盯着自己的鞋子看时心里发虚吧？

想走进职场，想找到"好老板"，第一步就是要学会穿高跟鞋走路。这跟你的身高无关，女人要的不是那个高度，而是那种态度，那种心情。一双漂亮的高跟鞋确实有某种化腐朽为神奇的力量，它能让一个平凡的女子化身成高贵的女神。但真正能驾驭高跟鞋的女人并不迷信它，因为她们心中很清楚，无论是穿上或者脱下，自己的内在都不曾被改变过。她们穿高跟鞋，但也会随身带一双平底鞋，以备突然受到走远路的考验。她们不会让自己的脚在不该受苦的时候吃任何苦头，却也能在该穿高跟鞋的时候从从容容地穿上它，然后优优雅雅地从任何人身边走过。

❤**闺房私语**························○

　　为自己选择一双美丽的鞋子，当然不是为了讨好老板或者老公，时代变了，我们是"女为悦己而容"。站在高跟鞋上，就好像自己登上了喜马拉雅山，那种征服世界的快感，是老公不能给与你的。高跟鞋曾经是、现在也是武器，所以女人们爱鞋的劲头就像爱枪。姐妹们，带着你的私家武器，上路吧！

2. 热情、激情，保持青春活力

> 生命是如此精彩，就是最棒的小说也不可能捕捉到每一天的激情。
>
> ——女影星安娜·莫格拉莉丝

　　热情是什么？就是你刚刚领了一笔丰厚的奖金，闺密刚好约你去逛街 shopping 时你欢呼雀跃的心情；就是你在地铁站邂逅了一位帅哥哥，而他也正在用同样痴情的眼光凝望你，然后你脸红心跳、胡思乱想的小鹿撞怀；就是办公室里有个冤大头说"今天我埋单"，于是大家蜂拥而入闯进必胜客大吃特吃的豪迈……然而，这些都与工作无关。

职场女人的热情和活力，是把 shopping、约会、大快朵颐的尽头儿用到工作中来，听到老板分配任务就像情人约会，接到任务指标就像拿到薪水袋，被公司派去培训就像把你送进了西方极乐世界。只有这样，你才可能成为老板眼中的红人。就像成功学大师拿破仑·希尔所说："要想获得这个世界上的最大奖赏，你必须拥有过去最伟大的开拓者所拥有的将梦想转化为全部有价值的献身热情，以此来发展和销售自己的才能。"

现在，很多书都用员工培训的口气号召大家"热情地工作"，其实我觉得，热情完全是内心燃烧的一种力量。**如果你希望成为一个卓越的白领女性，如果你希望在职场中大干一场，每天睁开眼睛就应该想：新的一天开始啦，新的机会又来啦！**而不是消极地想：有得上班了，真囧！相信我，只有每天睁开眼睛就想着斗争的战士才可能成为优秀的士兵。

谭丁从上海交通大学毕业之后进入了沃尔玛（中国）公司。按照公司的规定，她必须从基层员工做起，每天在老员工的带领下清点货品数量、摆放货品，看起来像个女装卸工。尴尬的是，有一次她竟然在工作时遇见了自己的大学同学，同学惊呼："谭丁，我们都以为你进了沃尔玛是享福呢，原来就干这个呀！"

谭丁的脸红了，但是只是暂时的。她在心里暗暗发誓：我进入沃尔玛绝对不是搬运工，即使是做搬运工，我也是最好的！她以更积极的态度投入到工作中去，认真细心，从来没有出过差错，得到了主管的认可。

很快，她被调用到采购部门，脱离了"体力工作者"的队伍。可是她对采购工作没有任何经验，感到工作开展得极其艰难。但是，她顶住压力，抓住一切机会跟同行业的前辈交流，并且在工作中逐渐积累经验，逐渐掌握了谈判的要诀和技巧，同时她也注意把握一种双赢，考虑到供货商的利益，终于打开了采购工作的局面。

日子在一天一天好转，谭丁的热情越来越高涨。她很快就从一个普通的采购员升任到采购经理助理，再到采购经理，直到现在的总商品经理。如今，她已经被列在沃尔玛的 TMAP 计划培训名单上，这个培训计划的目标就是成为接班人，可能是上一级主管，也可能是更高的管理层。大家都认为她前途无量。

没错，像谭丁这样主动工作的员工，必定会前途无量的。因为她不是以被动的打工者的心态在工作，而是拥有了老板心态，她自发地去提升自己、锤炼自己。老板只期望她做一个采购员，她却主动向采购经理看齐，能力不断提升，业绩也大幅提高，老板当然认为她是一个值得信赖的人，也是一个可托大事的人。

如果你觉得谭丁这个例子不足以说明热情对于女人的重要性，我再给你讲一位充满激情的演讲家和不断鼓励他人的企业家的故事，这个人就是玫琳凯·艾什女士。中国的很多女性都在用玫琳凯的产品，却很少有人知道她当初创业的始末。

玫琳凯女士还是一个小女孩时，每次遇到新的、棘手的任务，她的妈妈总是用"你能做到，玫琳凯，你一定能做到"这句话鼓励她。源源不断的信心、热情和活力随着妈妈的鼓励注入了玫琳凯的心房。

后来，玫琳凯成为某化妆品公司的推销员，辛苦打拼了一阵之后，她产生了严重的挫败感，因为她遭遇了很多女人避之不及的"天花顶"。当时，美国社会对女人有非常严重的性别歧视，虽然玫琳凯在工作中表现突出、能力超群，却被给与了不公正的待遇。她眼看着自己曾经的一位男下属得到了提拔，不仅位置在她之上而且薪水是她的两倍。看到这一切后，玫琳凯女士从公司里辞职了——虽然当时的她已经做到了全国培训督导。

这次"折戟沉沙"并没有让玫琳凯消沉下去，她相信女人生既是梦想家，也是实干家。她要建立一个"美梦公司"，给所有的女性提供无限的机会，帮助更多的人实现她们的梦想。

说干就干，为了这个梦想，玫琳凯投入了她全部积蓄5000美元来创建这个新公司。但是在公司开业前一个月，她的丈夫却突然去世，眼看玫琳凯不得不放弃这一梦想时，她的儿子理查德·罗查斯放下他自己的工作，来和她一起创建她的新公司。悲痛没有吞噬这对创业母子的激情和活力，他们的公司如期开业了。新的店面只有50平方英尺，但是里面装满了一个女人的勇气、希望、热情和梦想。玫琳凯和她的儿子，以及为数不多的几个员工努力着，付出着，看着他们的心血一天天成长。皇天不负苦心人，公司的影响逐渐扩大，美国《财富》杂志数次将其列为美国最适宜妇女工作的十家公司之一，并成为该杂志"全美100家最值得员工工作的公司"中榜上有名的唯一一家化妆品公司。

"所获取的成功远远不是金钱、一幢幢高楼和企业资产所能概括的。玫琳凯化妆品公司真正的成功之处在于它能够改变女性的生活，让她们对自己的生活充满希望。"直到今天，玫琳凯女士的远见、勇气和永不放弃的信念都在继续照亮无数女性的人生，点燃她们心中的热情和活力。

💗 **闺房私语**

　　凭借热情，我们可以释放出潜在的巨大能量，补充身体的潜力，发展出一种坚强的个性；凭借热情，我们可以把枯燥乏味的工作变得生动有趣，使自己充满活力，培养自己对事业的狂热追求；凭借热情，我们可以感染周围的同事，让他们理解你、支持你，拥有良好的人际关系；凭借热情，我们更可以获得老板的提拔和重用，赢得珍贵的成长和发展的机会。

3. 专业方面不能 NG

> 专业水平未到一定程度的，是连问题也提不出来的。
> ——畅销书《杜拉拉升职记》作者李可

很多女孩子从学校毕业出来时，满脑子都是各种学说、理想，然而独缺少了专业知识。要在职场中占据自己的一席之地，专业方面是绝对不能掉以轻心的，用《杜拉拉升职记》里的一句话说："专业水平未达到一定程度的，是连问题也提不出来的。"

有些女孩子知识面很广，好奇心很重，这是好事，但是你必须有自己的一技之长，精通某个方面。换句话说，你必须把"博"与"精"相结合，"精"是最主要的，"博"则是多多益善。博，是指对社会科学、自然科学知识的广泛涉猎，开阔眼界，扩大知识面；精，是指在自己的专业或本职工作范围内，尽量掌握精尖的知识。博与精的结合，就是所谓的 T 型知识结构。一个人的知识不精不行，否则就难以在你所进入的某一领域有所作为；而只精不博，又会使自已过于单薄，难以适应日益复杂的社会生活。现代社会需要的是具有 T 型知识结构的复合型人才和综合型人才。无论在校学生，还是在职人员的学习，都应该适应这种需要，使自己成为这样的人才。

很多人感慨，进了职场之后发现自己以前学的知识基本用不到，跟专业也相差十万八千里，这种认识有一点片面。确实是有些人做了跟自己所学专业相去甚远的工作，但是他们必须做的一件事就是"恶补"专业知识，缺什么补什么。

吴士宏从 IBM 跳槽到微软之后，就曾经恶补过"数字"课。微软的年中总结和年底总结都是厚厚的几十页数字表格，管理风格上也都是量化数字化，很多东西都用数字去衡量。而吴士宏从小就害怕数字，她看到表格就晕。但是没办法，为了做好工作，她就得强迫自己去看，睡前没熄灯的时间也用来看表格，看得自己直犯恶心。后来她终于熟悉了这种报表方式，并且娴熟地运用到工作中。

每一位职场精英，不管是那个行业的，坐什么位置，都必然是某一个方向的专家。没有谁是靠红嘴白牙"忽悠"得来成就的。职场就是这样，没有不景气的行业，只有不景气的企业；没有永恒的职位，只有永恒的技能。艺不压身，手里有过硬的业务能力，你就具有了向职场高层进军的本钱。为什么这么说呢？原因有三。

首先，在现在社会，强者愈强。看看世界前五百强的排名，虽然每年也会有几个落马的，但是总体来说这么多年却不见什么变化。其实在每个行业里都有巨头存在，像电子行业的阿西亚布朗勃法瑞公司（ABB）、三星、索尼、飞利浦、德州仪器，通讯领域的沃达丰、诺基亚、摩托罗拉、爱立信，IT 巨头 IBM、微软、英特尔等等。它们凭借各种手段垄断着各自行业的技术、生产、市场。通过各式各样的"垄断"，这些大牌企业建立起了一整套产业链，它们从来不担心来自中小企业的抗议。同理，如果你是企业中掌握核心技能的人，如果你对某一项技能最精通、最在行，企业没了你就运行不下去，你说老板是不是会好好巴结你？

其次，竞争过程中"赢家通吃"是不变的真理。马太效应说：凡是有的，还要给他，使他富足；但凡没有的，连他所有的，也要夺去。在这个法则驱使下，世界变得"简单"了：你不是个胜利者，就是个失败者。你是赢家，能够占有最多的资源，就会越赢越大。同样地，你掌握了企业里的核心新技能，企业里最好最多的资源都会首先由你调配，老板会优先考虑你的要求。对于其他同事来说，你"剥削"他们，在职场食物链中你就站在了他们上方。

第三，在赢家主导的世界里，利益按照80/20法则分配。处于顶端的竞争者毫不费力地分走大部分"蛋糕"，而低层则需要为了维持生计的"面包屑"而拼命争夺。80/20法则，在利益分配上也仍然有效：80％的利益被20％的人分走，剩余20％的利益养活80％的人；20％的企业创造80％的利润，掌握80％的先进技术，占有80％的资产，这20％的人和企业，就是社会的强者。所以，你要凭借自己的技术优势跻身"20％"一族去，成为骄傲的白领精英。

各个行业都有所谓"一线"、"二线"、"三线"之分，而处于"一线"的却很少生产自己的产品或者定价极高。因为他们是靠卖技术专利赚取利润，他们之下的"二、三线"不具备"一线的实力"，只好靠辛辛苦苦地劳动，靠与"一线"的关系，甚至靠运气。看着那些"一线俱乐部"成员，他的周薪你最少要干一个月才能拿到；他可以去旅游而你则必须加班；他朝九晚五你朝五晚九；他在装空调的屋子里大谈时尚，你面对的不是夏天的太阳就是冬天的冷风；他们总有悠闲的生活！他们凭什么？俗话说"多年媳妇熬成婆"，他们也是靠"一技之长"起家的。

"老前辈"曾国藩教导广大青年说：用功如掘井，凡事皆贵专。

他在致家中诸弟的信中就此论道："凡事皆贵专。求师不专，则受益也不入；求友不专，则博爱而不专。心有所专宗，而博观他途以扩其识，亦无不可。无所专宗，而见异思迁，此眩彼夺，则大不可。"在这里，曾国藩指出了专与博的关系：即在有所专长的基础上去扩大知识面、开阔眼界是可取的，但毫无专长，见异思迁，今天喜欢这样，明天喜欢那样，就不可取了。曾国藩的这种观点无疑是很有启发性的。曾国藩本人被誉为博学多才，他的诗歌、家书都被后人传诵效仿，但是他最拿手的，还是"打仗"和"做官"。这是他的核心技能。有了这两项技能，他才能成为晚清重臣。职场中人跟他要学的，就是这股子"专攻"劲头。你想当中国的邓肯，就先做个优秀的舞蹈演员；你想做第二个杨澜，就先做个出色的主持人。不管怎样，你得有一技之长让自己在职场里立住脚，然后再考虑发展空间。

曾国藩的话或许多少能给职场人一些启示，去精通一门技术，去精通一门专业，像《丑女无敌》里面的无敌那样，虽然没有惊艳的外貌，也不懂得花言巧语讨别人欢心，但是她在专业方面无人能敌，终究成为老板身边最倚重的人。

❤ 闺房私语

老话儿说，贪多嚼不烂。掌握知识也是这样。我们走进职场，需要学习的东西非常多，你不可能像百科全书一样懂得每一件事。既然如此，不如走个捷径，一心一意把专业知识学好，这就是你安身立命的筹码！

4. 想过上好日子，须先尽本分

> 世界上最难的就是认真。认真是做成一件事的基础。
> ——格力电器股份有限公司副董事长、总裁董明珠

　　刚刚参加工作那年，我就职于一个策划公司，我的上级主管是个三十多岁的"欧巴桑"，为人严肃，不苟言笑，而且对待下属几乎到了鸡蛋里挑骨头的程度。身为她的下属，总有种说不出的压迫感，我怀疑自己是不是不讨人喜欢，还是我真的遇人不淑，撞上了一个不穿 Prada 的女魔头。

　　有一次公司开会，需要我提交一份计划书。为了那份计划书，我在图书馆泡了大半个月，几乎没有吃过一顿热乎的饭菜，没有睡过一个好觉。当我自我感觉良好地把计划书交到主管的办公桌上时，还是被她劈头盖脸数落了一通。我那个气呀，她都没有完整地看完一页！她让我回去重新做，我只好回到座位上望着一堆资料束手无策。没想到，"女魔头"走到我座位前，换了一种口气，说："我知道你花了很多心思在计划书上，但是你自己认为它很完美了吗？我在第一页资料上就看到了两个显而易见的错误，这样漏洞百出的东西怎么能拿到会议桌上让大家讨论？"

　　我的目光所及，真的发现计划书的第一页上有两个数据明显是错的。一方面是自责，一方面是脸皮薄，我的眼泪竟然掉了下来。

主管只留下一句话就走了：**自己都不能满意的东西，老板怎么会满意？**

这次事件之后，我了解了主管的良苦用心，也端正了对她的看法。她这句醍醐灌顶的话让我重拾信心，找到了问题的关键所在。我再度埋首于堆积如山的资料、报表里，三天后交给了她一份自己看了都满意的成绩单。后来，我离开了那家公司，但是一直打心眼里感激她那句惊醒梦中人的话。

我想，很多姐妹跟我一样犯过同样的错误，自己没有做好本职工作，没有尽到本分，却对老板横挑鼻子竖挑眼，一味在上司的身上找不是。我算是比较幸运的，能够跟上司顺利沟通，消除了隔阂，找到问题的关键点。而很多人仍旧蒙在鼓里，没有检查自身的所作所为，依旧我行我素，既耽误了手头的工作，又丧失了提升自我的机会。

聪明的做法是，认认真真做好手头的工作，一定要把它做得无懈可击，至少在你的能力范围内做到最好。如果这个时候上司找你的麻烦，那就真的是他的问题了。

Maggie 大学毕业后，因为有着不错的学业背景和过硬的英语运用能力，顺利地进了一家电器公司担任销售总监助理。虽然她没有什么工作经验，但是早就在师兄师姐那里初步了解了一些职场潜规则，懂得妥协、忍让是职场人必须练就的基本功，明白跟着上司就有前途这一水涨船高的道理。

Maggie 的顶头上司 John 是个中年男人，不苟言笑，对人永远都是一副冷冰冰的面孔，很多人私下里都议论 John 是个工作狂人，还有好事的人劝 Maggie 趁早换部门。听到这些，Maggie 只是一笑而过，照旧认真地做好自己分内的每一项工作。

某天早上，Maggie 把提前准备好的会议材料最后核对后交到了

John 的手上。与以往一样，John 一边听着其他部门的总管汇报工作，一边看着 Maggie 交上来的材料，看着看着，John 的眉头皱了起来，抬起头示意停止汇报，快步走到 Maggie 的座位上，猛地将材料狠狠摔在了 Maggie 面前。原来 John 看到了材料上的一个销售数据和自己之前看到的不一样，在他看来，员工的工作态度是胜于一切的，所以他对 Maggie 的工作态度是否足够认真产生了怀疑。参加会议的其他人听着 John 一浪高过一浪的批评，心里都为 Maggie 捏了一把冷汗，担心她扛不住，又怕她恼羞成怒起来反驳。

面对这场毫无征兆的"暴风雨"，Maggie 心里确实猛地一紧，顿感委屈，自己明明是检查了很多遍，在确认了万无一失的情况下，才最后打印并且存档的，怎么会有数据的错误呢？Maggie 在心里画了个大大的问号，丝毫没有把自己的情绪表露出来，而是迅速地起身，对耽误大家开会而诚恳地表达了歉意。

John 回到自己的办公室后开始在电脑中搜寻之前看过的数据，很快，John 发现那是前两周报表的数据，是自己弄混了而错怪了 Maggie，可是 Maggie 却没有做出任何的争辩，还反过来向大家道歉。

想到这里，John 觉得 Maggie 真是个体贴的下属，得力的助手。为了表达自己的歉意，John 邀请 Maggie 共进晚餐，为自己的失礼道歉。

这件事过去之后，Maggie 一如既往地工作着，而 John 也开始把更多的更重要的事情交给 Maggie 处理。经过实际工作的磨炼，Maggie 越发地在工作中驾轻就熟，游刃有余。

随着公司业务的不断扩展，很快需要在南方开设分公司，综合多方面的因素，老板决定派 John 担任南方公司的总经理，全全负责南方公司的业务，而 Maggie 也随 John 到了南方公司，担任总经理助理。市场开拓的前期充满了艰辛，但是 Maggie 还是发挥自己的聪明才智，协助 John 排除了很多的阻力，不光把分公司的业务拉入了正轨，也在当地拥有了一定的知名度。在一切稳定后，John 向总公司提出辞呈，虽然总公司百般挽留，但是 John 还是离开了公司。当然，John 不是一个人离开的公司，Maggie 随他一起辞职，因为 John 说服 Maggie 与他一起出来创办自己的公司。新的公司由他们共同出资，John 担任公司的总经理，主要负责公司销售方面的公业务，而 Maggie 却由一直以来的助理，变成了公司的副总经理，主管行政。

单纯地看故事，很多人可能会羡慕 Maggie 的平步青云。可是你不要忘记，当众被老板骂得狗血喷头是 Maggie 获取上司信任的第一步，这一关不是谁都过得了的。职场中的游戏规则并非人人都懂，更不要说人人都去遵守了。Maggie 在这个方面就做得很好，她坚守了一个下属该有的本分：认真对待工作，完成主管布置下来的任务，只要自己没有错，就不怕上司追究，是非对错终有水落石出的时候。坚持这一原则，你就会获得主管的青睐和加薪晋升的机会。

♥闺房私语

不得不承认，我们工作的时候很难把百分之百的精力投入进去，心猿意马是常有的事，偷菜啦，停车啦，甚至斗地主啦，都有可能。这样做的直接后果就是工作容易出现漏洞、瑕疵，甚至重大过失。如果我们想看到老板的笑脸，想有好日子过，还是集中精力做好本职工作吧。本分尽到了，好老板自然会赏识你的！

5. 老板想淘汰你，眼睛都不眨一下

> 我宁愿在错误中学习，也不愿人生过得太安逸。
> ——歌手碧昂斯·诺里斯

详细讲解这一节之前，我们先看一个《办公室小白兔》的故事。

某天，小白兔在森林里散步，大灰狼迎面走过来，不由分说"啪啪"给了小白兔两个大耳光，说："我让你不戴帽子。"小白兔很委屈地走了。

第二天，小白兔戴着帽子蹦蹦跳跳地走出门，又遇到大灰狼，它走上来"啪啪"又给了小白兔两个大耳光，说："我让你戴帽子。"

小白兔郁闷之极，跑到森林之王老虎那里投诉。说明了情况后，老虎说："好了，我知道了，这件事我会处理的，要相信组织哦。"

当天，老虎就找来自己的下属大灰狼，说："你这样做不妥啊，让我很难办嘛。你可以说，兔兔过来，给我找块儿肉去！它找来肥的，你说你要瘦的。它找来瘦的，你说你要肥的。这样不就可以理直气壮揍它了嘛。你也可以这样说。兔兔过来，给我找个母狼去。它找来丰满的，你说你喜欢苗条的。它找来苗条的，你说你喜欢丰满的。可以揍它揍得有理有据。"

大灰狼频频点头，拍手称快，不料以上指导工作，被正在窗外给老虎家除草的小白兔听到了。小白兔决定以智取胜。

次日，小白兔出门就遇到了大灰狼。大灰狼说："兔兔，过来，给我找块儿肉去。"

小白兔说："你是要肥的，还是要瘦的呢？"

大灰狼听罢，心里一沉，又一喜，心说，幸好还有 B 方案。于是它说："兔兔，麻利儿给我找个母狼来。"

小白兔问："你是喜欢丰满的，还是喜欢苗条的呢？"

大灰狼沉默了 2 秒钟，抬手更狠地给了小白兔两个大耳光："靠，我让你不戴帽子！"

这就是绿色森林办公室里小白兔被上司修理的故事。听完之后哈哈一笑的同时，你是不是悟出点儿道理了呢？没错，这个故事告诉我们：要是领导看你不顺眼，你怎么做都是不对的；领导不想留你了，总能找到合适的理由。这也算是职场人的无奈之处。

明白了这一点，你就要想出应对的措施。最简单的办法莫过于跟自己的顶头上司搞好关系。紧跟上司有什么好处？直白地讲有两点，其一是"借其一臂之力"；其二是"水涨船高"。

第一点就不需要多解释了。"顶头上司"嘛，顾名思义，你的头顶上面是他，你是否能够升职加薪，全凭他一张嘴在大老板面前汇报呢。不管你多努力、多勤奋，你也没办法把自己的成果汇报到大老板那里，他却能。所以，你必须得"打通关节"，让他帮你美言，你才有机会被提拔。你不服气也不行，这就是秩序，这就是等级。

第二点叫做"水涨船高"。这有点"一人得势，鸡犬升天"的味道。他是你的上司，你是他忠实的下属，他得了好处，会提拔你的。为什么会出现这种情况？很简单，任何人都喜欢自己一手带出来的队伍、一手提拔起来的人。上司们当然可以通过猎头公司招募中层主管，但如果老员工符合他的要求，那老员工绝对是他的第一选择。毕竟，和一个毫不知情的人相比，同等能力的老员工的优势一目了然。所以，你跟上司保持步调一致，就等于乘上了幸运班车，一路畅通无阻。洪小莲是李嘉诚的秘书，几十年来一直追随李嘉诚，她从几千元的工薪族，做到身家上亿的"薪贵族"，享受的就是顶头上司带来的好处。

那么，在战术上，我们要如何跟顶头上司建立良好关系呢？我把它简要归结为"三要"和"三不要"。

要表示忠心。在职场中，上司均颇喜好忠诚的下属为其所用，与其常相左右。任何人均不能容忍或原谅别人对其不忠诚，尤以上司为甚。古今中外的种种事例都显示，不忠诚的部属往往会给上司造成莫大的危害，与其共事无异于养虎贻患，试想上司怎会对此类部属有好印象而愿意重用呢？因此，即使学识才能俱佳并且干劲十足，如未能对上司表现出忠诚不贰，则很难获得其重用与提拔。

要聪明做事。这一点在女上司眼里格外重要。两个女人之间最容易产生冲突，倘若你比她年轻、漂亮、学历高，那就容易招来妒忌，甚至排挤。所以，你必须让自己的工作能力充分体现出来，用事实证明自己不是"花瓶"。另外，你还不能一味蛮干，"嫉贤妒能"的上司也是很常见的。适当装傻，多向上司请示，宁可被骂"笨"，也不要成为她的眼中钉。事情做好之后，多把功劳推向她那边，这样的"糊涂哲学"才能明哲保身。

要正确着装。这一点似乎跟前面两点区别大了点儿，别着急，听我解释。既然是顶头上司，你就要经常跟他打交道，正确的服饰就显得很重要了。还是那句话，在女上司眼里，你穿得太过招摇就会让她"不爽"，你必须比她穿得差，比她的衣服便宜，这样才能安全。而在男上司眼中，太漂亮、太火辣的女下属会给他"华而不实"的偏见，这个偏见需要你付出更多才能纠正过来。所以，为了避免顶头上司的误解，你最好在穿衣打扮方面走低调路线，宁可保守，也不要夸张；宁可中性，也不要性感。

不要露出野心。这一点当然是跟第一个"要"相对的。**你的野心直接影响到上司的地位，没有哪个上司会无私到让出自己的职位来提拔一个下属。不管你升官发财的愿望多么强烈，都不要在顶头上司面前表露出来。**若是他大你一级还情有可原，若是他大你半级，你就是他最危险的竞争对手。你不老老实实藏着还出去扎刺儿，岂不是自寻死路么？

不要卖友求荣。女人之间最难免的就是"交心"。虽说都明白职场无闺密，可是真能做到守口如瓶的人少而又少。问题是你绝对不能把其他姐妹的秘密告诉顶头上司，作为换取上司信任的筹码。一旦你这样做了，就会让上司怀疑你的人品问题。不要忘记，中国男人打小就熟知的古训即是"唯小人与女子难养也"，你卖友求荣的做法会直接断送你的前程。

不要急功近利。特别是在顶头上司面前，不要为了一点儿奖金哭哭啼啼、愤愤不平。很多女孩缺少这个城府，会因为眼前利益的得失跟上司争个面红耳赤。你看杜拉拉，加薪加少了，虽然心里着急，却没有急着"报复"，而是养精蓄锐，找机会"秋后算账"，一下子谋来了经理职位和大幅加薪。所以，暂时的得失算不得什么，关键是你要知道自己为什么得、为什么失。如果是偶然情况，就忘记它。如果是有人从中作梗，就得心中有数，以后找机会连本带利找回来。

总之，与"顶头上司"过招可以说是职场人最重要的一堂课。这堂课上得好，拿高分，你就可以踩着他的肩膀往上爬。否则，你只能另辟蹊径，绕过他走迂回路线了。职场中很少有下属搬倒上司的，"革命"这件事仅仅是个传说，就别试验啦。

♥闺房私语 ⋯⋯⋯⋯⋯⋯⋯⋯⋯⋯⋯⋯⋯⋯⋯⋯⋯⋯⋯○

　　职场说大就大，可是说小也小。企业再大，你接触的也是有限的一部分人。你要在心里搞清楚，谁是对你最有利的，谁能够帮你说话，谁能够帮你做事。毫无疑问，最佳人选就是你的顶头上司。如果你跟这位 boss 搞好关系，其他的大老板都由他来应付，你就可以高枕无忧啦。

6. 身后一帮小姑娘在虎视眈眈呢

　　　以前洗完头发后，我总要花费二十分钟来打理；而现在只要抹些发胶什么的就 OK 了。如果我每天省出二十分钟，一年下来可以做多少事情啊！
　　　　　　　　　　　　——羽西化妆品公司副总裁靳羽西

　　"最近比较烦，后面一班天才追赶，想写一首皆大欢喜的歌真是越来越难。"李宗盛大哥这样唱道。连他这个大才子都有了近乎江郎才尽的感慨，我们是不是也得有点儿紧迫感呢？有这样一个说法："女人都是圣诞树，最美不过二十五。"无情地揭示了年龄对女人的威胁。特别是在我们这样一个人口众多、竞争尤为激烈的社会里，女人如果没有危机感，跟不上时代发展的节奏，很容易就被淘汰出局。

　　如何是好呢？老法子：勤能补拙。

　　有人总结了这样一道公式：成功的女人＝漂亮＋智慧＋勤奋。若想要等号成立，三者缺一不可。不过这道公式好像也不是无懈可击的，因为前面的两项是可以通过后面的"勤奋"来弥补的。

　　我们说过，"没有丑女人，只有懒女人"。即使不是天生丽质，我们的美丽也可以通过后天的勤奋获得，比如大S，天生的黑皮肤愣是让她通过自己的勤奋保养脱胎换骨变得白嫩嫩、水当当。即使没有180的智商，我们的智慧也可以通过勤奋突飞猛进，比如姜培琳，从排球运动员到T台超模，到心理学硕士，到大学教授，每一步智慧的蜕变都跟自己的勤奋脱不了干系。

　　勤奋可以让一个女人更美丽、更智慧，也更成功，你的汗水就像天上的雨水一样，下的越多越大，雨后出现的彩虹才会越美丽。女人们一直引以为傲的时尚女王可可·夏奈尔，就是这样一个美丽、智慧又勤奋的女人。在孤儿院里长大的夏奈尔靠着自己的勤奋学到了一手扎实的缝纫技术。这为她十八岁时到镇上的裁缝店当助理缝纫师打下了良好的基础。在这里夏奈尔认真工作，从琐碎的事情干起，不厌其烦认真刻苦，得到了老板的赏识。也开始形成自己简单、利落、前卫的服装风格。

　　她不希望成为男人的依附，开始自己的创业之路，她开办自己的服装店，然后通过不断地努力工作和勤奋思考，并且亲历亲为，使自己的服装样式不断翻新，逐渐成为潮流的趋势。第二次世界大战的爆发使夏奈尔不得不放弃了自己的事业，但是却阻止不了她前进的步伐。

　　战争过后，已经年过花甲的夏奈尔，以盛大的服装发布会的形式向世人宣告：夏奈尔回来了！从20世纪的20年代到70年代，夏奈尔通过自己的不懈努力始终使自己的品牌走在时代的前沿，永久性地创造了妇女时尚的新纪元。并以自己的勤劳、独立和智慧，从此彻底改变了时尚。夏奈尔就是时尚的代名词，无论是 20 世纪还是 21 世纪，这个女人用她的天分和勤奋证明了自己是当之无愧的时尚女王。

大部分的女人之所以不够成功，是因为骨子里少了一种勤奋的基因，因为觉得自己可以不必那么努力，因为觉得自己可以"在家靠父母，出嫁靠老公"，以为自己可以像灰姑娘那样轻而易举地得到王子为自己戴上的光环，自己要做的只是等待就足够了。但是现实往往就是那么残酷，你这位如花似玉的佳人总是遇人不淑、命运多舛。为什么命运之神就是不肯眷顾你呢？因为你不够勤奋，因为你的惰性，要知道即使好运如灰姑娘者，在王子降临之前也还是要每天拿着扫把热火朝天地去劳动的，你又凭什么觉得自己会比她更好命呢？

所以，美女们，如果你想找到好老板，如果你想遇到好老公，首先要让自己勤奋起来了，运动你的大脑和身体为自己去创造财富。到时候即使王子不出现，你也俨然是自己王国的女王了，你不但一点儿损失都没有，还会得到更多的精彩，因为奋斗本身就比坐吃山空有趣得多。

❤ **闺房私语** ⋯⋯⋯⋯⋯⋯⋯⋯⋯⋯⋯⋯⋯⋯⋯⋯⋯⋯⋯⋯⋯⋯⋯⋯⋯⋯○

当自己开始抱怨人生不如意、麻烦一大堆时，只消问问自己："你偷懒了没啊？"就会找出所有问题的症结。要是你已经被麻烦缠身，那就更应该勤快起来先将这些问题都解决了，才有可能勇往直前、向成功迈进。

7. "花瓶"生存，"古董花瓶"永存

> 做一个花瓶不容易，我想做个有内涵的古董花瓶。
>
> ——女影星范冰冰

近两年来，大美人范冰冰一直被评选为娱乐圈最忙的女明星。各种秀场、颁奖礼，大小活动一个不差，再加上拍戏、宣传，几乎全年无休，天天过着陀螺一样的生活，绝对算得上是"拼命三娘"。有媒体爆料称，范冰冰耍心机踢走周迅、张静初等女演员，一年之内"独霸"八部电影，堪称圈内的"抢戏女王"和"戏霸"。面对这样风口浪尖上的评价，范冰冰冷静地回答："我很享受在不同电影中感受不同的生活，这是一个很新鲜的体验，我会尽力做一个好的美丽戏霸，将戏霸进行到底。"

"戏霸"是范冰冰最出彩的绰号之一，另外一个更出彩的绰号，当属"古董花瓶"。曾有人评价范冰冰演技很烂，光凭漂亮脸蛋吃饭，是个徒有其表的花瓶。记者问范冰冰如何看待"花瓶"的称呼，范冰冰巧妙回答说："我会做个有内涵的古董花瓶。"在另外一档选秀节目中，范冰冰更是大胆鼓励选手："做个古董花瓶吧！别人爱说什么就说什么！"语出惊人的点评得以一窥"话题女王"范冰冰直爽泼辣、大胆率真的个性。

细想想，范冰冰的话非常在理。古董花瓶好在哪里？它有内涵，

有价值，经得起专业人士的点评，而且具有升值的潜力。它的美丽是无可挑剔的，而且可以战胜其他"美丽"的普通花瓶。

漂亮的女孩子在职场中经常会被人称呼为"花瓶"，更是有些女孩心甘情愿当这种花瓶，更多心思花费在穿衣打扮和享乐上面，专业修养不够，人际关系处理得不够好，在职场中永远属于可有可无的人物。喜剧片《丑女无敌》当中有个著名的"花瓶"裴娜，她本是富家小姐，花容月貌无可挑剔，却是没有任何真才实学，完全凭借朋友关系在广告公司有了一个差事。算她运气好，是副总裁的好朋友。难道你也有这样的好运气？

没错，漂亮是女人的资本之一，可是这项资本太不靠谱，它把你放在一个相对被动的地位上。如果你手中不掌握核心价值，不能给老板创造效益，仅仅能愉悦他的眼球，当企业业绩让老板的心情不愉悦的时候，你这个"花瓶"可就有危险了。

还是以范冰冰为例，算起来，范冰冰于1997年扮演《还珠格格》中的金锁而出名，之后大片小片拍了无数，女主角她演，客串也演，有人说她只要是片子就接，是名副其实的"烂片女王"。可是，2002年，她凭着电影《手机》中的角色获封百花影后，从此确立了自己在大银幕的一线的位置。

影后头衔仅仅是辛苦回报的一部分。保利博纳总裁于冬称说，有些演员合作好似狗熊掰棒子，而范冰冰是合作一个交一个朋友，"这几年她的进步非常快，每一部戏都尽力配合宣传，之前宣传《麦田》，范冰冰在西安一天七个戏院，发烧仍然坚持，是一个很敬业的演员，我们也很感动。"在影视圈子里，并不是你长得漂亮演技优秀就可以长久立足的，人脉更是演员赖以生存的必要条件。有人捧你，你就是角儿；没人捧你，你什么都不是。范冰冰在圈里是出名的交际高手，人脉广博，这也是她"多干"收获的丰硕成果。

虽然你不是演艺圈中人，道理却是相通的。想成为"古董花瓶"，就要让自己的核心价值高上去，要有一套真本事，不管是管理才能，还是交际才能，还是技术专长，或者是财务能手。总之，你必须让老板看到你的一技之长，让他知道你不是吃青春饭的。只有这样，你才能稳稳当当在职场立足，才能让那些爱传闲言碎语的人自动闭嘴。

♥**闺房私语**⋯⋯⋯⋯⋯⋯⋯⋯⋯⋯⋯⋯⋯⋯⋯⋯⋯⋯⋯⋯⋯○

那些对自己的工作岗位不满意、看不到前途想换岗的姐妹们，你们更应该抓紧时间充实自己。如果你专业学的是 A，想改行做 B，却对相关知识一知半解，那就得抓住一切机会去学习，完善自己的知识体系。跟上司叫板靠的是大脑不是胸，丰胸可以用物理手段，"健脑"却只有一条路：学习。

8. 你自己才是最重要的投资项目

> 现今摩登女性应该知道当下世界在发生什么事，对生活有梦想，有自己独特的见解，不人云亦云，敢于尝试新事物。
> ——女星汤唯

很多人把嫁人看成一项投资，要找"绩优股"老公，稳赚不赔；再不济也得找个"潜力股"老公，让他慢慢升值。好像自己就是一个鲜活的筹码，投资到未来老公上就能得到收益。结果呢？"赚"了的固然高兴，更多的人是哭哭啼啼认为自己嫁"亏"了。

还有一些女孩子，很有男孩的担当，刚刚挣到一点钱，就急着回报父母、供养弟弟妹妹。我不是反对这样的爱心，而是劝大家先打理好自己的生活，再担起养家的责任。如果你不跟父母一起住，甚至和父母生活在不同的城市，开销肯定要比父母大得多，女孩子一人在外也有更多让人担忧的顾虑。所以，住所绝对不能贪图省钱而选择太偏僻的地方。离家在外的话，衣食住行都要自己照顾自己，万一生病了，或者发生其他紧急情况需要用钱，而存折里没有充裕的储备，你会过得很痛苦。这样算下来，在最初工作的阶段，你根本无法从微薄的薪水里拿出太多奉献给家里。所以啊，我奉劝各位姐妹一句：**当你的经济基础还不够牢固的时候，不要急着去帮助别人。**

不依靠男人，不急着贴补家用，那么，挣的钱做什么呢？往自己身上投资。没错，只有你自己才是最重要的投资项目，只要你正常操作，只赚不赔。

我的好友孟玲来自一个贫穷的农村家庭，父母希望她高中毕业后能够早日工作赚钱以贴补家用。但是，她却坚持上学，靠着奖学金和打零工维持自己的大学生活。两年后，她的弟弟也考上了大学，家里再没有能力负担两个人的学费，于是，父母怂恿她休学，并把存下来的学费拿出来给弟弟花用。孟玲却坚持说，一定要将书念完，但她愿意把缴完学费后所剩下的余额给弟弟花用。无奈之下，父母最终还是东凑西借帮弟弟缴了学费，而孟玲却背上了"自私鬼"、"坏妮子"这样的恶名。

辛苦地完成了大学学业后，孟玲成为了一名护理师。六年后的某一天，她把农村的父母接到城里小住，父母惊叹她竟然买了这么大的房子！孟玲笑笑说："房子暂时我还买不起，但是付租金是不成问题的。等我找到合适的楼盘就要买房子，到时候你们就可以搬到城里跟我住在一起啦！"父母惊讶地问："丫头，你怎么会攒下怎么多钱呀？"孟玲神秘地对父母说："爸爸妈妈，我是靠做生意发财了呀！"

老人当然不明白孟玲的意思。其实，孟玲说的"做生意"，就是"出卖"自己的劳动力嘛。如果当初她高中毕业就参加工作，就拿不到大学文凭；没有这个文凭，她就不会成为高级护理师；没有高级护理师的头衔，她的工资就远远达不到现在的水准。说来说去，她就是不断提高自己的价值，让自己成为劳动力市场中一个性价比非常高的"商品"。

现在看来，孟玲的选择非常正确，她在大城市里站稳了脚跟，过上了富裕的生活，有了感情稳定的男朋友，即将步入婚姻殿堂。弟弟也在她的帮助下顺利完成了大学学业，找到了不错的工作。父母逢人便说，自己的女儿是"好命"。其实，命运给孟玲的这副牌并不好，但是孟玲把这副牌玩得很精彩。她懂得在自己身上投资让自己升值的道理，最终赢得了胜利。

把原本送给别人的金钱投资在自己身上，终将给自己和周围的人带来加倍的回报，这对彼此都是一件好事。就算短期内别人会说你是一个"自私鬼"，你也要先为自己的成长投资。例如，不拿第一个月的薪资给父母添购新衣，却下定决心报名参加计划已久的英文课程；不帮男朋友赶一篇重要的报告，而是积极参加公司的业务培训。能够做出这种利己选择的女人，最终都能够带给身边的人更大的帮助。不要忘了，博爱的人不论何时都最爱自己。

❤ **闺房私语**

也许你才刚开始职业生涯，也许你已经是工作多年的老手，但无论怎样都要记得时常给自己充充电、加加油，要舍得在自己身上投资。当然啦，买新衣衣、好的化妆品和补品也是一种必要投资，才智和美貌都是资本呢，只要掌握好力度，别成为购物狂就 OK 啦！

9. 多思考，总结一下自己的工作质量

> 不要盲从，任何事都问问自己到底怎么想。有想法要大声说出来。读哲学、科学、心理学，一些你以为枯燥的书。知道这世界的基本规则和常识。
>
> ——剧作者柏邦妮

数字显示：20 世纪 80 年代时企业中大学生的拥有率不足 30％，而今天，大多数企业的大学生拥有率都在 50％以上。一个从事人力资源招聘工作的朋友曾感叹说："以前不敢想招清华、北大的毕业生，现在不难招到。"但是他又强调说："不可否认的是，随着 80 后这一代在人才市场上的涌现，知识型的员工占据了企业员工的主流。虽然说这大大改变了员工的工作模式和对工作的认可及追求，但是相比较而言，我们发现这一代人在工作中独立思考的能力还是不够强。"

接下来，他举了一个例子说："从去年到今年，我们单位前后招进了二十多位毕业生，他们基本上都是上个世纪 80 年代出生的一帮年轻人，甚至有个别 90 后的也开始找工作了。但是，他们这一群人

普遍缺乏独立思考的能力，经常在工作中会发生一些面对自己手头工作而不知所措的现象，当你指点给他们后，他们就按照指令把工作完成，没有想过利用自己丰富的想象能力把工作做得更精致，更让人满意。"其实，这就是独立思考能力差的一种表现。

通常的观点是，女人不会思考，因为女性在逻辑思维、立体感、机械操作等方面逊色于男性，这也就是理工科男生多过女生的缘故。但是，女性的观察能力、语言表达能力等方面优于男性，因此，女性比男性更擅长察言观色，更能揣摸对方的心思。从这个角度看，女人也是会"思考"的。要提升这种能力，必须让自己养成做总结的习惯。

有本书的名字叫《成绩是总结出来的》，帮我们剖析了做总结的好处。总结，很像棋局里的"复盘"，棋坛高手都知道"复盘"的价值。对局之后，不管输赢，都静心地坐下来，认真回想对弈时的每一步，无论是妙手，还是昏招。妙，又妙在哪里？昏，又昏在何处？只有这样，自己的棋艺才能不断地提高。总结的作用就在于此，不是让你总结完了将稿子束之高阁，而是要拿到实践工作中来，指导自己的工作。

上学时，老师教导我们"学而不思则罔，思而不学则殆"，意思是说光闷头读书不思考的人会越来越迷糊，而整天胡乱琢磨又不读书的人又得不到真学问。这个理论也可以运用到职场中来。有人把职场人员分为两种类型：做的和不做的；做的又分为两种：认真做的和应付地做的；认真做的又分为两种：做后总结的和做后没有总结的。最后，世界上的职场人员就有了成功和失败之分，前一类成功了，后一类失败了。所以，有人总结出"总结能力是职场成长的跳板"，这话是很有道理的。认真"复盘"的受益者不仅仅是上司、是公司，更是员工自己。学会把自己的工作"复盘"，不但是工作的必须，更是工作上乃至职场上取得成功的"捷径"！

多数总结是在日常的工作中进行的，如果企业有培训和学习的机会，那更要注意总结。企业提供培训和学习的机会都是给有心人准备的，机会也垂青于有心的人。所以一定要珍惜企业以及自己创造的受培训机会，认真汲取知识，积极配合老师的互动和思考，训后温习反馈和总结分析，哪些观点比较新颖，哪些我不太认同、有争议，讲师说的是否都能执行下去，是否浪费人力物力、劳民伤财？有些内容我应该日后验证一下是否真的有效？如此态度和精心，岂能不水滴石穿？

还有一种"换位总结"，就是看身边人成功的经验和失败的教训，总结他人工作的过程和过程之后的结果。这样参照的内容更加丰富也更有可比性，共性也更容易提炼，从而使好的、成功的经验得到发扬，差的、失败的教训作为前车之鉴，照亮成功之路和两侧的陷阱深沟。

最后应该提醒大家不要忽略一个细节，所有总结的点点滴滴和细节内容，哪怕是读书的心得，都要形成文字记载，以备日后更深层次地总结和归纳，也为了给自己留下更深的记忆和印象。"好记性不如烂笔头"，你一时的灵光一闪如果不记录下来，以后可能就找不到了，年终总结、跨年总结的时候很可能再也记不起这个想法，那是无法弥补的损失。总结也要温故知新，时常将总结的内容进行对照，对其质量优劣进行二次总结乃至多次提炼，时间长了，你的逻辑思维能力、文字表达能力和组织材料能力都会有显著增强，而这些，恰恰是走向管理岗位必不可少的基本功。

❤ **闺房私语**

不要在博客里"才下眉头，又上心头"啦，有这个时间，还是总结一下自己的工作质量吧。无论是有组织的学习还是自学都要及时地总结其中的内容，挖掘规律，提炼真谛。这样才能由思路决定出路，由心境成就舞台，由知识理论经过总结和实践验证后变成生产力，从而改变我们的人生。

10. 性格乐观，老板选择下属的重要条件

> 如果一个女人脾气急躁又唠叨，还没完没了地挑剔，那么即便她拥有普天下的其他所有美德也都等于零。
>
> ——畅销书作家卡耐基夫人

我们常说为人要乐观，这指的是一种人生态度。在职场中表现得乐观，更有助于你成为老板的得力干将。想想看，为什么行军打仗的队伍里，总要有一个"政委"的角色？他的主要任务就是为官兵将士做思想工作。谁有问题想不通，他帮忙开导；谁有牢骚委屈，他会倾听，毫无怨言；谁的压力过大招架不住，他会用革命乐观主义精神给他打气；队伍里有什么"不和谐"的声音，他能够挺身而出笑脸摆平。有这样一个人在身边，队伍首领少了多少忧愁啊！

商场如战场，老板们何尝不希望身边有这样的一个人，时不时给自己打一针"兴奋剂"！所以我说，美女们不妨充分利用我们特有的乐观天赋，在团队中充当一个"开心果"，制造快乐气氛。如果你能胜任"政委"一职，老板定会对你青睐有加。

　　在一个团队中，乐观有什么作用吗？答案是肯定的。乐观的团队才会有高涨的工作热情、高效的执行力。米卢这个神奇的老头带领中国男足时曾经给了我们一个"快乐足球"的口号，这在当时遭到了很多人非议，但最后他用把中国足球带进世界杯的事实证明了自己的正确。没错，所有的团队都需要愉快的氛围，乐观的精神。所有的老板都需要愉快的精神状态，只有这样才能在"战火纷飞"的商战中胜出。小米加步枪为啥能够打赢国民党？主要原因之一就是"革命乐观主义精神"，那才真正是"谈笑间，樯橹灰飞烟灭"。

　　所以，如果你想成为老板眼中的红人，如果你不想当傻干苦干的笨人，你就要培养自己的"快乐传染力"，不是恶搞，不是哗众取宠，不是无知者无畏，而是运用你的智慧给老板、给企业带来活跃的氛围。**这种智慧并不苛求你有为老板指点迷津、为企业出谋划策的专业技能，而是要你有一种制造愉悦氛围的能力，它能够让愁云满面的老板脸上浮现出笑意，这就是你对企业的贡献，老板身边缺不了这样的人。**

　　你看那些掌权者，家财万贯，身世显赫，似乎要风得风要雨得雨，实际上，位置爬得越高，他们的压力越大，正所谓高处不胜寒。他们太需要"娱乐精神"了。杀人如麻的纳粹头子希特勒曾经在阿尔卑斯山脉的奥柏萨尔斯堡山顶为自己修建了一所"世外桃源"——鹰巢，那里有餐厅和咖啡厅，可以俯瞰美景，又可以跟情人约会，这位大独裁者在制造一幕一幕最冷酷的战争的同时给自己营造了温馨的"爱巢"。

　　商业领袖也是各个都有自己的减压方式，洛克菲勒喜欢收集甲壳虫，王石爱登山，比尔·盖茨给自己修建了七千万美元的全自动化豪宅。这一切无非是给紧张的生活减压。"老总"们不容易啊，身边太需要有人逗他们开心了。如果你能够胜任这个角色，岂不成了职场中的不倒翁？

交流、减压、活跃气氛是所有企业领导都需要的，能够胜任这一任务的人必定是在企业里位置最牢固的人。美国钢铁大王卡耐基曾以年薪一百万美元，聘请查尔士·施瓦伯担任美国钢铁公司总经理。卡耐基为什么下这么大的本钱在施瓦伯身上？卡耐基说："可以鼓舞人们热忱的能力是他最大的资产，他能用欣赏和鼓励激发出人们内在的能力。"施瓦伯具有那种一呼百应、为所有人做通思想工作的能力，能够号召所有人为卡耐基卖力，卡耐基当然愿意给他高年薪了。如果你实在没有过人的专业能力，掌握这样的本领也不错！

❤闺房私语●●●●●●●●●●●●●●●●●●●●●●●●●●●●●●●●●●●●●●●○

工作任务繁重人人感觉压力大得喘不过气的时候，是你发挥乐观主义精神的最佳时机。你千万不要抱怨、唠叨，而是要好言安慰团队伙伴，为大家加油，同时用乐观的语调向你的老板传达一个意思：放心吧老板，我们一定能够完成任务！

11. 把你的手表调快五分钟

> 生活偶尔的确会有一些忙乱，但我觉得生活本来就是这样的。
>
> ——主持人陈鲁豫

"忙死了，总是到下班的时候才发现有一堆工作没做完，又要加

191

班，真讨厌！"在外企工作的尤文这样跟我抱怨。她做的是行政助理，工作内容确实比较琐碎繁杂，好像没有头绪。可是当我问她是怎样安排轻重缓急的工作的时候，她却说：不知道。

我想，很多女孩子跟尤文的情况差不多，总是觉得工作多、老板催得紧，而自己也像个陀螺一样转来转去没闲着，可工作就是做不完。遇到这种情况，需要反省一下自己的工作方法，看看你是否把时间掌握好了，有没有把手头进展的项目规划得井井有条。

现在，我们做一个实验。摆在你面前的有一个铁桶、一堆大石块、一堆碎石、一堆细沙，还有一盆水。用什么方法才能把这些东西尽可能多地装进桶里？不同的人会有不同的方法，装进去的东西多少也不一样，这就是效率问题。最佳办法是：先放大石块；当铁桶"装满"之后，再放碎石，碎石就会沿着石块之间的空隙进入铁桶；铁桶再次"装满"之后，再将细沙填入缝隙里；最后，如法炮制，将水倒进铁桶。这样一来，铁桶里的每一寸空间都被充分利用起来。

同理，你可以想象这个铁桶就是你的全部工作时间，而你要处理的大大小小事务就是石块、碎石、细沙和水。碎石象征着既重要又紧急的事务，石块象征着重要但不紧急的事务，细沙象征着紧急但不重要的事务，水象征着既不重要也不紧急的事务。你把这些事务条理清晰地归纳一下，合理分配花费的时间和精力，这样就能让工作效率提高。

有的人，工作的时候显得很忙，连喝水的时间都没有。但是他没有效率，要么不能按时完成工作量，要么完成的工作质量达不到要求。这比不能胜任工作更可怕。所以，不论在什么位置、干什么工作，抓重点、高效率都是必要的。

美国汽车公司总裁莫瑞要求秘书把给他看的文件放在各种颜色

不同的公文夹中。红色的代表特急；绿色的要立即批阅；桔色的代表这是今天必须注意的文件；黄色的则表示必须在一周内批阅的文件；白色的表示周末时须批阅的文件；黑色的则表示是必须他签名的文件。这样，他就无需在不重要的事情上浪费精力了。

即便你的工作性质清闲，没有那么多事情要做，也不能养成拖拉懒惰的毛病。也要给自己限定时间，鞭策自己提高效率，节约出宝贵的时间来学习。驾驭时间提高效率是一种游刃有余的能力，要在平时注意训练，才不至于在工作多的时候忙得人仰马翻。

另外，你还要学会把复杂的事情分解得简单。简单是快节奏工作环境最受青睐的办事方法，它的威力来自于切中要点。一个事件，它最中心的内容完全可以用最简洁的词语表现出来，如同文章的题目、国家的名称。

社会竞争中的每一分钟都很宝贵，于是，每一个人做事情都要有效率。做事情有效率的诀窍在于抓住要点，把复杂的事情变得简单。

射人先射马，擒贼先擒王。狮子抓羚羊时总是一口就咬断羚羊的咽喉，一击而中。你就要把工作当成猎物，训练自己敏捷的思维和灵便的身手，看清什么是最重要的，"该出手时就出手"。攻克了难关，你的任务就完成了大半，工作效率自然就高了。

想提高工作效率，有这么七条要诀可以参考：

1. 了解自己每天在什么时间精力最充沛，把最困难的工作放到这时来完成。

2. 做个任务清单，将所有的项目和约定记在效率手册中。

3. 利用零碎时间读点东西或是构思一个文件，不要发呆或做白日梦。

4. 打电话、发邮件和发信息都要做到言简意赅。

5. 对可能用到的文件做到心中有数，有秩序地排放整齐，或者贴上标签，不必到时乱翻乱找。

6. 在结束一天的工作后规划好第二天的工作再离开办公室，这样，第二天早晨一来便可以全力以赴。

7. 凡事都往前赶，不要往后拖，就算不当团队里的领跑者，也绝对不能拖后腿。

♥闺房私语

如果你已经不习惯戴手表，那就把电脑、手机的时间都拨快五分钟吧。这可不是让你盼着早点儿下班，而是提醒你凡事"往前赶"，不要养成拖拖拉拉的毛病。

12. 永远要超越你的头衔去思考

> 每天阅读，去看、去听社会上发生的事，不要只关心自己。
>
> ——女影星凯特·温丝莱特

我们经常可以遇到这种情况，两个同时进入企业上班的女孩子，简历上反映的情况差不多，可是工作了一段时间之后，进步的幅度差别很大。很可能其中一个迅速赢得老板的赏识平步青云，而另外一个则原地踏步，逐渐成为庸庸碌碌的普通员工。

为什么这样呢？各种原因有很多，最重要的一点是她们对自己的定位不同。原地踏步的人，只把自己当成小职员，她做事的方式是小职员，思考的方式是小职员，她的视线是平的，看问题总是看到眼前一点点。这种员工是组织里最稳定的部分，却是没有提升空间的一部分。

平步青云的那种人，之所以受到老板的赏识，是因为她超前一步把自己当成了管理者。虽然她做的是普通职员的工作，但是她会主动研究老板思考问题的角度和方法，她会留心观察老板的一举一动，然后主动迎合老板的做事风格。经过她处理的文件，必定是老板最习惯看的格式、字体和长度。在管理学上，这叫"与上司建立一致性"，也叫超越自己的头衔去思考。

超越自己的头衔去思考，最直接的好处就是让你跟老板的关系融洽。在现实的职场中，上司们是非常重视那些"跟自己一个鼻孔出气"的下属的。你想想看，一个野心勃勃的上司会把自己负责的团队当成自己的私有财产，恨不得打上自己的姓名标签。主动与其建立"一致性"的，就等于自动站在他的队伍里，表明了自己的立场；而相比较而言，那些"不开窍"的，或是仰仗自己能力强、技术好的人，没有向他表忠心，上司就会拿他们当眼中刺。上司也许不会主动找他们的麻烦，但是绝对不会赏识提拔他们。

一项覆盖全球四千多名白领员工的调查显示，在公司公布升职员工名单时，超过一半的人会感到惊奇和意外：那些最终获得升迁机会的人，往往不是工作能力最出色的员工，而是业绩平平、能力一般的"冷门选手"。心理专家分析，这些横空出世的黑马，多半是与上司关系好，工作态度好，踏实认真的人。而那些业绩优异的"热门选手"，虽然得到了同事们的赞赏，却总在上司面前锋芒毕露，卖弄小聪明，表现得比上司还清高、高明。这就让上司觉得很不舒服，认为他挑战了自己的权威。一定要记住美国心理专家罗伯茨·希姆的话："在聪明和忠诚面前，老板的选择永远是后者。"

所以，我不得不很无奈地告诉那些以为自己优秀就可以"木秀于林"的女性朋友们：出色的能力能够确保你安全地维持现有地位，却不能有力地把你推到更高职位。在努力工作的同时，用点时间捉摸老板的心思，让他感觉到你的忠诚和可靠，这一点在职场中非常重要。

很多人觉得，自己是来上班的，只要把手头工作做好就行了。这没错，但是还不够全面。在与岗位匹配的同时，你还要与上司匹配。打个比方，你穿了一套宝姿女装，画了精致的妆容，整个人看起来是 OK 的，但是你这身打扮去参加万圣 Party 就会显得格格不入，大家就会给你的衣着打很低的分数，"匹配"就是这个意思。一个资深强势的经理，往往希望自己的手下实力强，能力一般的下属就不被他认可；有的经理喜欢管得特别细致，不拘小节的人到了他的门下就不会受欢迎，自然就得不到重用；一个急性子经理绝对容不下慢性子下属；一个男性作风的女领导肯定看不惯女下属花费太多时间涂脂抹粉。也就是说，每个上司带出来的团队都会有这个上司本人的特征，你要主动向上司的风格靠拢，才能融进他的团队，才可能得到升迁的机会。

此外，超越自己的头衔去思考，会让你的能力得到锻炼，久而久之就会迅速提升。我们看一个例子。陈华和蓝云同在一家连锁超市做事。她们的年龄一样大，同一年入职，可是蓝云很快就加薪升职了，而陈华仍然一直原地踏步。

部门经理在评价她们的时候，用了一个具体的例子："我派他们去批发市场了解蔬菜行情，看看有什么卖的，因为超市的库存已经不多了。陈华回来告诉我有卖土豆和西红柿的。我问有多少，她不知道，就又跑到市场上问了回来。我问价格是多少，她又不知道，只好第三次跑到市场问出了价钱。蓝云却有完全不同的表现，她从批发市场回来之后交给我一个简单的调研报告，上面清清楚楚写着有多少人在卖土豆、多少人在卖西红柿，价格分别是多少，总量大概有多少。她还带了样品回来，标明是哪一家的，以方便采购人员直接联系货源。蓝平把我可能问到的问题都想到了，把有用的数据也都记录清楚了，说明她已经完全能够胜任一个管理者的职责了，我当然要提拔她了。"

其实，在这个故事里，部门经理只是用一种含而不露的方式在考察陈华和蓝云。通常情况下，上司准备提拔下属时，会安排一些考察下属的活动或项目，看你怎样完成——当然，他不会明确告诉你，你很难知道上司在有意考察自己。越是这种"暗中观察"，越能检测出你的为人怎么样、工作能力怎么样。如果你能够在毫不知情的情况下主动思考，努力向老板的办事风格看齐，积极向他靠拢，你得到这个职位的把握就很大。

❤闺房私语 ⟶O

我不是在怂恿大家天天去研究上级的心思而放松手头的工作，靠"小伎俩"获得成功。我的意思是，如果你想做管理者，首先要具备管理者的思维方式，因为机会总是给有准备的人。假如你期望先当上领导再研究如何当领导，那恐怕就没有实现的可能了。

★ 高跟鞋行动

1. 掌握一项专业技能——泡帅哥除外，它能让你在职场中立足，任何人都不敢小看你——包括老板。

2. 多思考，及时总结，没有哪个老板会无缘无故挑下属的毛病，如果他冲你发火，也许是你没有做好该做的事。

3. 保持微笑，永远乐观，跟老板形成良性互动。别看他凶巴巴像个老虎，心里很可能对即将实施的决策没有把握。你用微笑鼓励他，他就会用微笑回报你。

4. 拖拖拉拉的员工不是老板喜欢的，所以你要把时间往前赶，工作提前做，这样才能减少加班的可能。

5. 超越自己的头衔去思考，如果你想尽快当上主管或者经理，首先要把自己想象成主管或者经理的样子，用他们的思路去想问题。

第八章

老板的"好"，定义在办公室里

老板就是那个在劳动力市场上把你"买"回来干活儿的人，你们之间有一纸契约关系，叫做雇佣与被雇佣。他给你发工资，给你机会充电，仅仅是购买劳动力的一部分投资。可能有感情的成分，但是跟一般的朋友关系还是有区别的。所以，出了办公室，你就不要对他过分迷恋。在老板出席的饭局上，最好保持办公室里的理智和机制，不要信口雌黄。遇到风度翩翩的男上司，最好不要浮想联翩，不要尝试不靠谱的办公室恋情，更不要迷恋有家室的男老板。记住，老板的好，仅仅定义在办公室里。除去工作关系，还是保持距离的好。

1. 灵活应对老板在场的饭局

> 电影学院毕业的，或者中戏毕业的青年都有自己的理想，跟各种大哥们在卡拉 OK 喝酒什么的，这是没办法的，中国电影现在就是这样一个状态。
>
> ——影人徐静蕾

身在职场，免不了要跟老板一同出席饭局和酒局，可能是小规模的聚餐，也可能是隆重的派对。有些美女倒是不怕跟同事吃饭喝酒，老板在场的话就表现得十分拘谨。其实，只要你掌握一定的技巧，就能从容应对这样的场面，说不定还能展现出你出色的公关才能，让老板对你刮目相看。

首先，你必须端正对"饭局"的态度。永远坐在办公桌前，独自埋头工作，两耳不闻窗外事，这可不是真正的职场。参加工作之后，礼尚往来的应酬是难免的，甚至是工作的一部分。中国人历来就有在饭桌边解决问题的传统，一顿饭吃得好，可能一笔生意就谈成了；酒喝得痛快，可能人脉关系就打通了。所以，饭局是你必须面对的。

其次，你应该抛弃"不管什么样的聚会都是有益的"这种天真想法。以趣味性或能带来明显的利益来衡量聚会价值，这也是单纯少女的幻想。很多合同都是无数次的请客吃饭拿下的，每一次聚会都是为下一次合作做铺垫。所谓放长线钓大鱼，希望一次饭局就

"公关"，那你肯定要失望的。

不管什么样的场合，饭局的主题并不是全部。饭局是给所有人表现自己、联络朋友、交流意见的最佳时机。人们大多都有一些被外人议论的传闻，那些事情是在自己不在的场合里外人谈论的小道消息。要知道别人是怎么议论自己的，就必须要参加一些这样的活动。特别是有老板出席的饭局，正是工作之余你跟他接触的最好机会。邓文迪就是在一次公司的高层聚会上搭上了默多克呀。

女性朋友们应该明白，很多聚会的场合都会反馈出很多信息。在实际业务时间无法说出来的话，只要一杯酒进肚，就可以随意地说出来。因此，对于那些希望事业有进步的女性朋友来说，是绝对不能错过这种机会的。

饭局也是宣传和提高自己形象的最佳时间。了解最流行的喝酒的方法，并且在这样的场合介绍给大家。就算很想与亲密的同事在一起聊天也要忍住，把精力放在当天的主人公身上。饭局的主人公大部分是部门老板或者公司大老板。这时候，你并不需要过去奉承，只要认真倾听他讲话就可以了。如果是女上司，你可以从外形的细节上表示自己的关注，如："你的发型真好看，是在哪里做的啊？"等简单的问题来赞美她，也可以增加你们的亲密度。

如果碰到那种又爱喝酒又喜欢骚扰人的上司，就要想点招数来对付了。如果饭局之后还有娱乐时间，乐队演奏了布鲁斯舞曲，那些烦人的男上司往往会借机来靠近你，这个时候也没有必要去得罪他们，可以用一种友好的姿态去婉拒，说些"比起大家一起跳我更享受独舞的感觉呢，就像女主角一样"之类委婉的托词来拒绝。**在酒席之中如果有上司不断地纠缠你，那就要马上换位置。这种时候与其表现你对上司的明显厌烦，还不如装作乐于与大家交流的样子，不断地换位置，连一点纠缠的机会都不留给对方。**

如果你参加的是非常大的聚会，但是对你来说实在没有什么意义，或者遇到了什么难缠的人，你可以以别的约会为借口离开，比如说"就在这附近我还有一个约会呢，先去坐一坐马上就回来啊！"如果说上洗手间并且还带着包走出去，这是明显的让人觉得过分的借口，远没有说在这附近还有个聚会这种理由让人能够接受。虽然大家都心知肚明你是借故离席，但也没有什么证据证明，也就不会有人再关注你的离开了。

❤闺房私语

如果你想接近老板，饭局是最好的时机。如果你想试探老板，饭局也是最佳时机。不过，身在饭局时也要像在公司里一样保持戒备，做人做事随时留有余地。从现在开始，认真思考饭局这件事，别小瞧它，在那里，"公司历史"仍然在以另一种方式继续演绎着。

2. 把握知己和情人的界线

> 爱情在左，友情在右，他们在生命之路的两旁，随时播种，随时开花，将这一径长途，点缀得花香弥漫，使穿枝拂叶的人，踏着荆棘，不觉痛苦，有泪可落，也不是悲凉。
>
> ——作家冰心

有些职场美女会有这样的体会：跟老板相处得时间长了，工作上非常有默契，想问题的角度很相似，甚至某些兴趣和爱好都比较相近，而两人偏偏不能成为恋人，所以，就成了类似于"知己"的好朋友。

你和他结缘于工作，聊的最多的话题是工作，你们共同承担工作压力，解决工作上的难题，一起为工作成果庆祝，一起加班加点忙工作。你的男友或老公可能无法帮你完成工作，他却能轻而易举地为你指点迷津；他的女友或妻子可能不能帮他分担工作压力，你却能跟他荣辱与共共同为计划书、合同加班到深夜。他提到一份文件，你能够迅速地回忆起相关内容条目；他想出一个点子，那正是你想说的；你正在为某份计划书的起草而绞尽脑汁，他递过来一份数据，让你的难题迎刃而解……这种工作中形成的知己关系，让你欣喜、愉悦。

他没有丈夫的霸道或情人的贪婪，这样的异性关系，不必因走得太近而造成彼此的伤害；这个类型的朋友，利害关系划分得恰到好处，不会因为忙碌而忽略彼此，又不会因为过分熟稔而打搅私人空间；与友情相比，它又多了一份来自异性相吸的引力和魅力，其丰富隽永的意蕴又非单纯的友情相比，彼此间的关注已经渗入到心灵深处，这是一种奇妙而现代的感情。

当然，并不是每位美女都有福气能交到智慧、体贴、豁达、大度的老板知己，也不是每个有此福气的美女都能正确把握这份情感。能够与男老板成为知己的应该算是这个世上最幸运的一类女人。与一个没有感情纠葛的男人交往，彼此都有着那样多的共同语言，彼此都有息息相通的感觉，在滚滚红尘中，得以用一种深沉的感情互相照看，使她们有机会冷静地换一种眼光看待自己，同时更深入地了解异性的世界。

这样的老板是可遇不可求的，能和这样的老板交朋友的一定是有思想的女人。思想需要交流才会有长进，有思想的女人在有思想的老板面前会更有思想，并且敢于在他面前表现自己的思想，用不着觉得这样会得罪了老板。他关心你的思想胜过关心你的容貌和身体，作为职场女性，遇到了这样的上司，真是要烧高香还愿才好。

唯一难以把握的，就是知己和情人的尺度。一般来讲，工作得心应手、感情拿捏到位的男老板，多为已婚男士。**这样的老板很懂得取下之道，容易跟下属"打成一片"，成为下属的朋友。他与你成为知己，更多的是出于工作的需要。所以，你在处理你们之间关系的时候，就要牢牢记住这一点：你是下属，你有你的本分。**

跟上司共同解决工作难题是你的本分，在这个基础之上，倾听他的牢骚和委屈，适当地给与关心，你已经是"超额"完成任务。如果你非常非常地善解人意，非常非常地通情达理，又非常非常地想为他做点什么，你可以在他取得成绩的时候及时赞美，在他情绪不佳的时候积极鼓励，在节假日和他生日的时候送上一句问候或者一份小礼物——职场中的"知己"，也就限于此了。

跟上司成为知己，还有一个对女人不利的因素，那就是流言蜚语。如果你跟上司一起加班的时间比较多，或者搭过他的顺风车，或者知道他的隐私多一些……完了，你的绯闻就诞生了。记住，关于男女关系的绯闻，不管真假，不管谁是始作俑者，不管谁对谁错，受到伤害的永远是女人。特别是男老板和女下属之间，别人永远会说女下属"以色侍人"，却不会批评男上司"性骚扰"。就像"艳照门"事件里，被骂的多是女明星们，陈冠希顶多就是担一个"风流"的罪名。

所以，假如你真的遇到了一个交流愉快、相处融洽、配合默契却又不能成为恋人的男上司，就一定要把握好你们之间相处的分寸。这种关系需要长久培养，你想乘凉先要栽树。培养一个这样的知己，要经得住男女之情的诱惑，别为了一时的冲动而丢了大好的职场前景。这个世界找一个爱你的男人容易，找个心有灵犀的异性朋友很难。千万不要使这种难得的友谊误入歧途，免得到最后连个朋友都做不成。

❤闺房私语 ──────────────────────────○

我考虑了半天要不要把这一节删除，因为，这样一个知己型老板，真的是可遇不可求啊。我不想给姐妹们提出一个美丽豪华的梦境，毕竟职场是现实而残酷的。如果你真的有幸遇到这样一个老板，千万不要让你们之间的工作友情变了味道！

3. 实在控制不住的办公室恋情，怎么办

> 你是什么样的人就做什么样的事，假装也装不了一辈子。
>
> ——歌手刘若英

办公室恋情是很招人议论的一种职场风景，要是发生在上下级之间，这道"风景"就尤其惹眼。因为这个特殊的环境注定了你们所考虑的不仅仅是感情上的东西而已：你们的大老板会格外关注你们，甚至是戴着有色眼镜看你们；偶尔只有你们两个人留下来加班时，别人也会想当然地以为你们是留下来谈恋爱；上司表扬嘉奖下属是理所当然的，但是如果你们是恋人，这就会有人说三道四……

总之，不管你们怎么做，都会给人话柄。

即便你是情场老手，在部门内谈恋爱也是一项高难度作业。你恋上的那位男上司一定很出众吧？既然他那么好，对他垂涎三尺的美女肯定大有人在，一旦你近水楼台跟他建立了恋爱关系，你就会成为"全民公敌"。好，就算你"不开眼"，爱上了一位大家都不待见的上司，人家又会议论你：为什么跟那个人恋爱，是别有用心吧！不管你的爱多么纯洁透明，都会招来非议。所以，在开始之前，还是让我们仔细地计算一下得失吧。只要不是到了"非君不嫁"的程度，那你就要严肃地考虑开始谈恋爱以后随时都会降临的"海啸"。

为什么很多公司都明令禁止办公室恋情呢？有些地方虽然没有明文规定，但是部门内谈恋爱时仍然要小心谨慎。开始交往的时候如此，过程也更要将保密进行到底。当事人可能认为只要不影响工作就不会有问题，但是人事部门对你们的评价很有可能已经打到最低分了。当然，公司绝不会说这是因为"办公室恋情"的缘故，但是你也不能忘记这种发生在工作场所的恋情总是会让别人认为你们有疏忽工作的嫌疑，甚至残酷的现实会让你们变成双双失业的苦命鸳鸯。

如果你的对象是一位男上司，可能你的烦恼会增加更多。很多人会背后议论你"看重的不是人，而是权利和金钱"。另外，如果你的恋爱对象是和你同期进入公司的人，但是后来对方却比你更快升职，这个时候你会欣然地接受这个事实吗？如果你一直是小小的职员，但是对方却慢慢升为了主管、经理，你的心态还能保持平衡吗？在这种时候，不产生自卑心理或者保持心理平衡是很难的。首先你要想好这些方方面面的假设，然后考虑自己究竟有没有能力承受所有的负面压力。

甚至，这场爱情电影你要率先写出分手后的剧情。在公司恋爱，先考虑分手后自己的道路也是非常必要的。当你成为另类谣言里的主人公时,怎么才能让它平息下去?分手后见到对方时应该采取什么态度?面对这些"没有最坏、只有更坏"的假想困境,你需要静下心来仔细为自己考虑了。

不过,恋爱有时候就像交通事故,当事人根本就不知道它会在何时何地以何种形式出现。男人和女人既然每天都要在一个办公室里度过八个小时,完全杜绝公司恋情的出现几乎是不可能的。刚开始的时候每个人都知道要区别对待工作和爱情,而且也的确能做到。但是,等到公司里出现自己的理想型的对象时,他们就忘记了曾经的职业观和理性,满脑子想着的都是如何和心仪的对方展开一段甜蜜的感情。如果你们可以一直走到红地毯进入教堂也就罢了,但是很多办公室恋情都会以分手告终。而且在结束时大部分都不可能和平分手,原因大多是两人之间出现了无法弥补的裂痕,这样在公司内碰面的时候也会格外尴尬。

但是,你还是应该尽可能地坚持呆在原公司,你要相信时间会弥补一切,也会让很多记忆消失掉。真正热爱工作的人绝不会把爱情和工作混为一谈,也就是说分手与否不会对工作产生巨大的影响。但是很多人在分手时第一个念头就是"辞职",认为这就是回避痛苦的唯一途径。如果对方是自己的上司,那么情况就对你更不利了。之前最甜蜜最信任的恋人在分手后为了报复你,而转变为心胸狭隘的上司或冷酷无情的同事,那么你就可以考虑辞职。如果对方没有采取什么特别的行动,你就应该继续坚持自己的正常生活。更何况,这家公司能让你的才干得到充足的发挥,那就更应该坚持到底了。

说来说去,无非就是想建议你:**你在准备发展"办公室情缘"的时候就要以防不测,先考虑清楚如何和分手后的恋人和平相处。**"这有什么没关系,一切随缘吧"——这种想法最终会让你饱尝苦果。有时候，你应该表现得更加专业一些，像个久经情场的高手去处理问题。如果你没有这样的能力，那你就要立即着手培养。最重要的是装得泰然一些，同时你也不能忘记那些喜欢八卦的同事正格外关注着你的故事。最坏的情况就是让曾经的恋人主动辞职，而你采取的最佳姿态就是装出与己无关的冷漠态度，表现出往事不必再提的高姿态。

"呀，这么多复杂的问题都要做好啊……"如果看完这些后让你觉得非常紧张和难过，那很抱歉，因为这毕竟就是在公司谈恋爱的真相。虽然你只要放开手一切就都迎刃而解，但人的感情怎么会说散就散？正所谓世界上最复杂的就是人心，如果已经出现了"天雷勾动地火"的爱情，而你已深陷其中不可自拔，那么请你在战战兢兢、小心翼翼地前进的同时，把这个危险的火种尽量控制住，别让它把你吞噬。

当你面对工作和感情双重压力感到紧张和痛苦、头痛欲裂，那也是你的选择。如果你身边的"他"是真正值得托付的男子汉，就在疲倦的时候，依靠他的肩膀吧！真爱是一切力量的源泉，如果你碰见的是真命天子，那最后我们都会为你送上诚心的祝福。

♥**闺房私语** ●●●○

千万不要喜欢上那种"孤独的狼"一样的上司哦。这种人多半不合群，不受欢迎。其实他所要找的并不是恋人，只是因为太过孤单想随便找一个什么人能陪伴他就行，因为办公室里谁都不愿意理他。面对这种人，很多年轻女孩会心软、心疼，继而跟他陷入"情网"。你绝对不能在这个时候混淆怜悯和恋爱，并且这时候你很难得到真正的爱情。

4. 警惕！老板是个已婚男

> 缓解失恋之痛最好的办法就是，你明白一种不合适的关系晚结束不如早结束，对大家伤害都小。
>
> ——影人徐静蕾

有没有某个瞬间，对你那位已婚的男上司怦然心动？即便你不承认，眼睛中的羞涩已经出卖了你。毫无疑问，事业有成的男老板是诱人的，结了婚的，甚至已经有了孩子的，更是由于肩负丈夫、父亲双重责任而显得越发成熟迷人的。很多女孩子不知不觉就会陷入这样的迷幻恋情里，像中邪一样，看上自己的老板——甚至妄图横刀夺爱，让他成为自己的老公。

如果你曾经有过这个念头如今已经放弃，也就罢了；如果你正有这个念头，最好立刻收手；如果你依然深陷其中，还是快刀斩乱麻，让自己离开吧。你要知道，在婚外恋中，受伤最深的往往是女人。除却道德准则和舆论压力不说，对方不会为你离婚，你还苦苦纠缠，浪费青春、浪费感情、浪费精力，何苦这样折磨自己？

记住，老板再好，他已经"名花有主"，这样的"植物"带着毒刺，你碰他一下就会让自己死得很难看，还是远观的好。**凡是在事业上有所作为的男士，无疑是理性的，他懂得如何保全自己的家庭和地位，更不会为了一段拈花惹草的艳遇而断送自己的锦绣前程。**"作风问题"向来是中国政治斗争中最犀利的暗器，中招者无一幸免。没有几个男人具有"不爱江山爱美人"的浪漫主义情怀，即使有，你也遇不上。所以，与其被他伤害，还不如留下宝贵的自尊，自己全身而退。

话又说回来，美女们感性、天真是正常的事情，陷入情感的漩涡也不是没有可能。也许你只是一时贪玩，想测试一下自己的魅力和别人的爱情；也许你只是被蒙骗，沦为"小三"还茫然不知；也许你真的动了感情，爱上了那个不该爱的人……但无论属于哪种情况，当你明白自己的处境后都请你尽快收手，因为"小三"游戏并不好玩。你所期望的爱情奇迹只是一个美丽的肥皂泡而已。也别怀有什么恨不相逢未"娶"时的伤感，一个会对婚姻不负责任的男人即使当初娶的人是你，也一样会"红杏出墙"。美女们有的是青春和资本去选择更加美好的爱情，何必在这场毫无意义和美感的"小三"游戏中浪费感情呢？

情是门学问，每个人修的学分都不同，如果不巧的你是第三者，要想跳离这个在社会上不讨喜的角色，以下几点可供参考：

1. 理智战胜情感，同时相信未来。忘记他是不容易的，现代人还没有学会克制，但为了将来，必须忍受失去，面对现实吧，本来他就不是你的啊！要相信时间是最好的疗伤药，只要你还热爱生活，前面就肯定有完全属于你的那个人。美才女徐静蕾给承受失恋之痛的姐妹开了一剂方子："缓解失恋之痛最好的办法就是，你明白一种不合适的关系晚结束不如早结束，对大家伤害都小。"

2. 最珍贵的东西并不是得不到和已失去，得不到不等于最好，失去了也无需留恋。有的人总是把得不到的当作最好的，那是挫折心理在作怪，因为得不到，就更加珍贵，其实，就算是最好的，那也是最痛苦的，最不可能的，甚至是最缺德的，为什么还要让它扰乱你的生活呢？

3. 不要忍受耻辱，更不要习惯耻辱。开始觉得自己无耻，偷偷摸摸，见不得人，象阴沟里的老鼠，后来脸皮慢慢厚起来了，连自己不能接受的事情都去做了，心灵起茧了，无所谓了。直到自己变成另外一个人。多可怕。问问你最好的最聪明的朋友，你是不是变质了？

4. 易位思考。如果那是你的家，你忍心让别人去插足吗？如果你是妻子，你能承受这种痛苦吗？如果他是你父亲，你能原谅他背叛你母亲，让你过一种非正常的生活吗？如果那是你的孩子，你忍心让他（她）失去完整的家吗？要用多少年，才能抚平孩子的伤口？

5. 充分怀疑。在感情面前，更加应该睁大双眼：他如果真不爱她，为什么早不离？这难道不是见异思迁？他如果不是好色，为什么找一个比她年轻那么多又比她漂亮的？他如果不是好色，为什么不等到离了婚再上你的床？婚后几年，他爱上了你，那么几年之后，他会不会再爱上别人？就没有人比你年轻、漂亮、可人和更加奋不顾身？他肯定说对你是天长地久，可是当初他跟妻子不也是信誓旦旦？他在寂寞之时爱上你，你能保证自己不是大海里无数救生圈之中任意一只？

6. 不要负担他的责任。离婚本来是他个人的责任。如果他为了你而离婚，你要承担破坏他人家庭的罪名，这个罪名太沉重了，你为什么要去承担！不管今后你们关系如何，他离婚的责任在你！如果他告诉你，就算没有你他也要离婚，那么你可以离开他，不要给他任何动力，比如承诺或者要求，看看他还有没有离婚的冲动？其实，你就是他离婚的原因。如果不要他为了你而离婚，那么你只有离开。

如果你看明白了，想清楚了，决心跳出"小三"的怪圈，却不知道该怎么疗伤和忘记，那么不妨试试以下方法：离开这个部门，甚至离开这个公司，去一个见不到他的地方；不要去你们以前常去的地方；别再打不出声就挂断的电话；不要去找双方的朋友去关心他现在的近况；不要借着特别的日子让婚外情有任何死灰复燃的机会；把对方的衣物及令你会想起过去的东西都寄回去；让朋友知道你的决定，帮你渡过难关；多到外头参加团体活动；不要一直回想这段关系及探索分手的种种原因；找一些同样是单身的朋友，远离一些已婚人士；找些相关书籍，帮助自己走出来；度个长假，让自己认识新的朋友；找一些你真正关心有兴趣的事去做，会帮你转移心情；想象你的外遇情人和家人在一起的样子，一天至少想三次；潜意识告诉自己：你是如何在周末及假期中被冷落，当你生病不舒服时，他总无法在第一时间到达，当你想他时却无法随意地拨电话给他……

或许我们都会在生命中的曾经，遇到那个不可以爱却又无法忘却的人。他会永远留在你的心底，让你在无数个漫长的夜里因思念而心痛至窒息。只是，你自己根本不具备做"小三"的潜质，这个游戏很少有人玩得起，因为"赔率"实在太高！那么，不妨当今夜的雾里升起明天的太阳，告诉自己：你有你的、他有他的方向，你永远不会成为他生命的陪伴，也不要让自己沉溺于他的虚幻中无法自拔。告诉自己：昨夜已经成为过去，明天，毕竟又是新的一天，你必须重新面对明天的生活，明天的情感，和明天的爱情。爱，是不能忘记的。但是随着时间慢慢过去，这一份错位的情感终能渐渐平淡，总有一天，即便在心底也终于——波澜不惊。

❤闺房私语 ●●○

玩第三者游戏的人或者因为空虚，或者因为爱；或投入，或不投入。但，到最后，结局都是一样——落荒而逃。

5. 聪明的女人不做任何人的地下情人

> 如果你不能面对真实的自己，就会很焦虑。
>
> ——女星张曼玉

　　有句话说：妻不如妾，妾不如偷。这句话迎合了人们"得不到的就是最好的"心理，不但被一些花心的男人奉若圭臬，甚至还蛊惑了一些思想单纯的女孩子，老老实实地当别人的"地下情人"。若对方是自己的男上司、男老板，她还傻呵呵地说："我是替他着想，传出去影响不好。"对于这样的女孩子，我只能说一句：地下情只会影响到你，而不是他。

　　地下情的基本守则就是千万不能被人发现，这样，你就丧失了女孩子沉浸在恋爱中最起码的快乐：显摆。女人不管多大岁数，恋爱的时候总是很"弱智"的，钱包里要放男友的照片，钥匙扣上挂着两个人的合影，身上穿的是男友送的衣服，打开手机看到的图片也是男朋友的傻笑……这些幼稚好笑的举动，虽然别人嘲笑，但幸福指数确实是相当高的。

　　但是，如果你被身为上司的男友几句话蛊惑，跟他玩起地下恋情，这些甜蜜的傻事你一件也做不成。非但如此，公开场合你们还要避免单独相处，聚餐或内部训练时两人先行离开也是禁忌。接打电话的时候一定要在办公室外通话，表现出两人都在和公司外的人谈恋爱的样子。此外，不能在公司附近五公里以内约会，同事们经常去的繁华街道更是避之大吉。还有一个细节不得不防，要想在公司里偷偷摸摸地谈恋爱不被八卦和好事者发现，还有一个秘诀就是严格管理手机和 MSN 这种通讯工具。为了不被人察觉，手机必须要随身携带，恋人的名字也要用假名或昵称来储存。为了以防万一，给手机加密也是必要手段。用 MSN 聊天时，注意清除聊天记录和不断更改对方姓名……甚至，他跟别的女人打情骂俏玩暧昧的时候，你都不能理直气壮地吃醋！

有些女孩会倔强地说：没关系，我愿意当他"背后的女人"，刘德华、成龙背后不都有这样一个女人吗？他们隐婚多年，最终还是修成正果了呀。

好，如果你真的爱得这般痴狂，我也只好劝你做好如下准备。

首先，仍旧坚持经济独立。因为你们不是合法夫妻，财产不是共享的，所以在经济上不受保护。可能你的男上司对你心有亏欠，于是用金钱、礼物等补偿给你。你可以接受，但是千万不要将它们看做经济来源之一。当初你选择进入职场找个"好老板"，不就是为了摆脱对"老公"的依赖吗？现在，老板变成你"半个"老公，你更不能依赖。

其次，做好充足的心理准备，应对可能出现的分手。恋爱不同于结婚，变数更多。地下恋情更是容易横生枝节，谁知道什么时候会半路杀出个程咬金，把你的钻石王老五抢走。而你又不是他公开的情人，想诉苦都没处去！所以，既然你决定参与地下情游戏，就要玩得起输得起，不要在悲剧出现的时候成为没人同情的祥林嫂。

第三，你要有将自己"转正"的本事。当地下情人，一月两月可以，一年半载也还说得过去，可是在你望眼欲穿的等待中，最美好的年华也悄然流逝了。同龄女友们要么甜蜜地恋爱着，要么兴奋地走进婚礼殿堂，而你守着一个男友却不能公开，更没有结婚的半点迹象，难道想成为特立独行的异类？好像没有几个姐妹有这样的勇气。所以，你需要软硬兼施，威逼利诱，争取早一点让这个地下恋情结束，不说修成正果吧，至少也要有个交代。否则，**一个男人牺牲女人的青春享受她的美貌却不给她应有的名分，根本算不上好男人。**

说来说去，我还是劝美女们不要跟男老板玩地下恋情。真的，你玩不起，起初可能很诱人、很刺激、很期待，但是随着时间一年一年过去，你期待的"结果"会遥遥无期，到时候你会追悔莫及。

❤**闺房私语** ···○

有事业心的男人都懂得娶个贤内助"成家立业"的道理，如果他真的爱你，会公开恋情，并娶你为妻。如果他藏着掖着不让你"见光"，那毫无疑问你就是他的玩物。毕竟，成龙和刘德华般的人物并不多见。

6. 对你性骚扰，他就不是"好"老板

> 女人应该因为性感变得更强大，而不是堕落下去。
> ——**女星梅根·福克斯**

有那么一些老板，管理团队很有一套，业绩也可圈可点，公众

面前树立的口碑还不错，可私下里就不够检点，喜欢占女职员的小便宜。如果你遇到这种"性骚扰"老板，一定要勇敢地对他说"不"。不管他给你多少工资，他都不是你的理想老板。

"性骚扰"其实是个外来词，美女们常听到的说法是耍流氓、调戏、动手动脚、占便宜等。其实，只要违反对方的意愿，用语言、动作、眼神进行了性方面的侵犯，但未构成强奸，且有特定指向性，都算性骚扰。现实的职场中，确实有很多男性管理者长着一双"咸猪手"。**绝大多数受到性骚扰的美女因为受社会传统观念的影响，抱着"多一事不如少一事"的想法最终选择了回避和沉默。这无疑助长了骚扰者的气焰，更重要的是自己身心受到了伤害！**所以，美女们，面对性骚扰，我们一定要学会说"不"！

在外企任职的田田面对上司的骚扰是这样做的：我不想丢掉工作，所以我不会与骚扰我的上司直接冲突，可以想办法见他老婆。

同事刘妍更狠：如果顺眼就反过来也骚扰他一把，不顺眼就找机会使坏，冒充他女友给他家打骚扰电话，或是给他的杯子里放点小东西，把他的茶换成减肥茶，让他只顾跑厕所，哪有精力骚扰啊！

吴敏是美术编导，面对上司的拍照骚扰，吴敏采取以其人之道还治其人之身的策略。表面配合，暗地里拍了不少他的局部特写。一天上司又拿出照相机，问："你愿意被我拍吗？"吴敏说："当然，我还特地向您学了几手呢。"然后把相片甩给他看。上司脸色大变，再没兴致拍照片了。

好莱坞的一位美女，更是给广大姐妹出了一个"怪招"，她就是梅根·福克斯。看过《变形金刚》的人就会对甜蜜、热辣又坚强的米凯拉印象深刻，梅根·福克斯就是她的扮演者。

在加入演艺圈之前，梅根曾在餐厅当服务员，因为不愿意忍受顾客骚扰而辞职。现在身处好莱坞，她更理解了性感这柄双刃剑的厉害。"以前，顾客把他们的手放在错误的地方，是我日常工作的一部分，餐厅老板雇佣身材火辣的美女不是秘密。这和演艺圈一样，人们喜欢在屏幕看到漂亮的女人。这是一个提供幻想的世界。"

在好莱坞，女人想成名，多半难逃花瓶的命运，常要穿着带有强烈性诱惑的衣服出现在杂志封面或银幕上，但她们却不能在公开场合谈论对性的看法。梅根说："这种双重标准激怒了我！其实，如果你能善加利用自己这个性感标志，你就会变得更强大。"

每当经纪人带梅根去参加派对，她都觉得自己像被扔进水里的诱饵，直到钓上所有大鱼。"作为女人，卖弄风情再容易不过，但我还有很多东西可以展示给人看。"她让自己说话口无遮拦，因为不想做典型的好莱坞女星，说公关安排好的句子，当一个穿晚礼服的机器人。"我的个性很好，我可以非常幽默风趣，在和大家谈话中我聊天的范围很广，什么话题都能应付。所以，我从来不害怕张口说话，这也许就是大家讲的自信吧。我有一张嘴巴，并且我从来不吝啬使用它。"这就是梅根的妙招，性感是个招牌，当有人冲着这块招牌过来，梅根就开始展示自己掩藏在性感后面更多的能力了。

除了这些对付"性骚扰"的方法，女性在职场中还需要有一些与色男周旋的技术，基本准则是既不让自己吃亏，也还要给色男留面子。

1. 要有正气，性格要表现得坚忍不拔，让色老板有贼心没贼胆。

2. 对对方暧昧的行为装傻，不要紧张、害羞、逃避。

3. 交一个大嘴巴的朋友，他/她会告诉全世界的人，让色老板投鼠忌器。

4. 设定身体距离，对方靠近时，你有意无意地冷淡和回避他，让他没趣。

对付性骚扰的方式千奇百怪，但是保持沉默绝对除外。美女们一定要记住：**软弱的小白兔总是比带刺儿的玫瑰更容易被人骚扰。**行为不检点的老板多半是欺软怕硬，如果一次得逞，下次还会变本加厉，并且会"加害"更多女同胞。更可怕的是，你很可能成为他茶余饭后的谈资，明明你是受害者，却成了他"艳遇传奇"中的一个猎物。到时候，你的名声就毁了。

所以，当遇到让你感到不舒服的性骚扰时，一定要大胆地维护自己的权益，用自己的独门绝技大胆地对骚扰说"不"!

❤ **闺房私语** ●●●○

有些女人忍气吞声对老板的性骚扰姑息纵容，是怕丢掉来之不易的工作。对此，你可以看看其他有同样遭遇的女员工在公司里的处境，也许可以看到自己的未来。不过就我个人来看，天底下谋生手段多得是，你为啥非得在这个猥琐的男人手下做事？

7. 不怕苍蝇飞，就怕蛋有缝

> 打扮适度就好，否则，人还未进门，衣服就先声夺人。
>
> ——女星奥黛丽·赫本

在职场中还有一项防不胜防的事情，那就是绯闻。也许你跟老板没什么，但是接触稍微一多，就会招来别人添油加醋的议论；或者你觉得自己跟老板保持了适当的距离，他却对你频送秋波不断暗示。你恨：这群人怎么跟苍蝇似地围着我！

确实，苍蝇很讨厌。不过，我必须好心地提醒你一句，自己这个"蛋"有没有缝？

现在是个开放的时代，时尚界打造性感，衣服越穿越少，布料越用越薄。在这股强大的性感潮流推动下，被职业套装束缚了许久的OL们也蠢蠢欲动了。很多人听从了潮流和内心里渴望挣脱束缚的声音，甩去了套装，露出了胳膊甚至肩膀，裙子也直逼膝盖以上三寸。而一同"解放"的不仅是身体，还有语言、与性别有关的私人物品。办公室不知什么时候总少不了"荤段子"和"打情骂俏"的玩笑，明目张胆地"调戏"帅哥的美女也层出不穷。当然，这些都是你的自由。但是我不得不好心地提醒各位一句：中国社会还没有开放到那个程度。

也许跟自由松散的职业特性有关，媒体、广告设计、服装首饰、发型设计、艺术等行业对服饰暴露这件事不怎么敏感，对于他们来说，只要自己喜欢，就没有什么不可以。这群人也是最为大胆的，吊带衫、超短裙、热裤都可以出现在办公室里。而荤段子、打情骂俏更是办公室里不可缺少的"娱乐"。甚至有的男士将"裸体美女"图设置成电脑屏保图案。"只要你自己觉得舒服，不是特别下流的话，就没有人管你。"他们这样说。正因为"见怪不怪"的缘故，这类职场传播上下级绯闻的概率比较低，每个人都专注于自我享乐，没工夫给你瞎操心。

相对地，如果你身在外企、公关行业或者主抓业务，着装方面就需要讲究一些了。或者是公司的统一制服，或者是简洁的套装，虽然款式保守，却不至于出错，更不至于给人留下"不职业"、"轻浮"等印象，更是减少了别人对你说三道四的可能性。试想，一个穿着行政套裙的女职员，和一个穿着吊带装超短裙的女职员，分别在老板办公室停留许久，哪一个更容易引起别人的猜测和怀疑？

　　以前我所在的公司有位女同事小 Q，是个广州来的 85 后漂亮 MM，年纪轻，身材好，正是大胆前卫走流行的阶段。小 Q 酷爱在夏天穿吊带装，她衣橱里的吊带衫超过二十件，她对男同事的怨言尤其多："我最不喜欢夏天了，男人们一个个都是不怀好意的眼光，还经常不分场合地讲黄段子，甚至部门开会的时候，老板都盯着我皱眉头，真讨厌死了！"

　　其实，小 Q 的说法并不完全正确。"如果一个人过分热爱穿暴露的衣服，衣非暴露不穿，那么她应当警醒自己的内心世界了。"资深心理咨询师尚冬梅提醒道。在热爱暴露的穿着后面，往往隐藏着需要被吸引、需要被关注的心理，而这样的心理，往往是由于对自己极端的不自信和沮丧。过分热爱暴露的女性，往往对人与人之间的"界限"认识不明，内心充满不安全和不自信的感觉，出于急切想划分出界限，证明自己的与众不同，弥补内心的焦虑，她们选择大胆暴露的衣装，紧随潮流，但又对相似的风格和"撞衫"深恶痛绝。"当热爱美丽进入了盲目追求暴露的误区，往往是心态发生了位移，此时，虽然表面看上去自信满满，衣着大胆出位，但该人往往内心已经非常脆弱，容易被激怒，情绪变得异常不稳定起来。"

　　穿得太暴露不但反映出你的心理问题，更容易让那些思想比较保守的同事对你"另眼相看"。特别是部门的领导，往往年纪比较大一些，思想中规中矩一些，即便是对你持保留意见，不横加阻挠，也很难对你委以重任。毕竟，在中国这个传统了几千年、刚刚"开放"的国度里，女孩子穿得太暴露总是难以被人接受的——更何况你是穿着暴露的衣服进职场。

所以，如果你不是故意想诱惑谁，还是把自己"藏"好吧。另外，为了减少那些不利于你的绯闻，你还可以从以下几个方面多加注意：

1. 如非机密所需，与上司单独谈话，尽量不要关门。

2. 行为举止要得宜，与上司谈话要有尊卑之分，以免引人遐想。

3. 与上司出差在外，若有任何需要讨论的事，应选择以电话或大厅等公共场所，避免在任何一方的房间。

4. 出差时详细记录每一项细节，洋洋洒洒的出差报告，也是一项工作认真的明证。

5. 若因需要协助上司的家庭事务，如接送小孩、购置家具、安排家庭旅游等，应与其配偶保持良好关系，并经常互动。

6. 避免与同事谈论到上司在工作以外的生活习惯（基本上，除非是上司交办事项，否则根本无须与同事谈起有关上司的所有事情）。

❤闺房私语 ··○

老话有点土，但是话糙理不糙：苍蝇不叮无缝的蛋。你的一举一动一言一行都谨慎小心，没有做出任何愧对良心的事情，流言蜚语就不会冲着你来——就算来了，也会很快不攻自破。

★ 高跟鞋行动

1. 在应酬时，你可以向老板敬酒，坦诚大方，表示自己的敬意。如果不掺杂暧昧的情愫，这样一杯酒是不会给你招来绯闻的——缠绵的双人舞就免了。

2. 你可以跟男老板成为默契的工作伙伴，但是一定不要超越友情的界限。你们离暧昧越远，这份友谊就会维系得越长。

3. 不要搞办公室恋情。实在抵挡不住单身男上司的诱惑的话，要做最坏的打算。

4. 在已婚男上司的面前保持距离，非礼勿视，非礼勿听，恋上他只能自取其辱。

5. 那些占有了你的身体和感情，却不把你公布于众的老板，绝对不是你的男友人选。他们仅仅是享用你的美色罢了，快快远离吧。

6. 尽量保持自己的着装风格职业而低调，不要像时尚模特一样穿夸张前卫的衣服进出老板办公室，那样会对你不利——除非你在玩色诱。

第九章

下一个老板会更好

遇到一个好老板不容易，但是如果他提供的平台已经不再适合你，或者你逐渐发现他没有你想象的那么"好"，就要鼓足勇气离开他。愚忠不是美德，这一点对于员工来说同样适用。该跳槽的时候就要跳槽，问题是为什么跳，怎么跳，何时跳，跳到哪里。如果你能够准确无误明明白白地想清楚这些，就可以做个完美的"三级跳"了。但是要记住，跟原单位要好聚好散。一个好的工作履历可以为你日后的工作加分，相反，一个劣迹斑斑的工作履历会让你永无翻身之地。跟老东家保持好关系，找到更好的新东家，大家都是赢家。女人最大的特点就是不肯改变，很容易将就着过日子，如果你能克服这个惯性，就能找到更好的老板。

1. 女人无可救药的缺点是"不肯改变"

> 你可以选择坐在那里抱怨"这里根本不适合我",也可以去冒险,去实现梦想,去看看外面的世界还有什么,你的眼界越开阔,你就会越清楚自己的位置。
>
> ——女星刘玉玲

有谁愿意碰到一个坏老板呢?有趣的是,很多女孩子明明知道自己遇到了一个坏老板,在他手下没什么前途,却依旧将就下去,得过且过,不主动改变。她们花费很多时间抱怨、发牢骚,却没有为改变现状做点什么。

这些女孩说得最多的一句话就是"我怎么这么倒霉呀"。她们总是对周遭的朋友感叹自己命不好,抱怨自己的老板苛刻、小气、多疑,不给下属成长空间。她们希望朋友能对这些话产生共鸣,得到别人的一些安慰。她们对自己的工作很不满意,但却总以"竞争激烈"为由,不敢积极争取自己喜欢的职位。一见到朋友,她们就会开始叹息自己既没有男人缘也没有事业运。

起初,朋友们还可以互相倒倒苦水,怜悯一番;还可以相互打气,鼓励对方去找新的工作。可是久而久之,其他对工作不满意的朋友都找到了新的老板,在新天地里大施拳脚,而她自己很可能依旧在那个岗位上浑浑噩噩。长此以往,朋友们也渐渐疏远她。她感叹自己连朋友缘都失去了，心态上开始悲观厌世，到如今仍然这样生活着。

我想，这样的女孩确实是职场里的倒霉蛋。但是，这种"霉运"不是老天决定的，而是自己选择的结果。遇到讨厌的老板、没找到合适的工作岗位，这是人人都有可能遇到的事情，也是无能为力的倒霉事。但是，没有人逼着你把这个霉运一扛到底呀。如果你当时是本着"骑驴找马"的心思，为了生计着想接受了这个老板，在解决了生计问题之后，为什么不抓紧时间跳槽呢？按照正常的思维方式，如果不满足于当前的工作，就不应该恋恋不舍，而是应该果断地选择学习深造，不然就干脆改变自己的想法，热情地投入到目前的工作中，不论是哪一种选择，都可以让你过着愉快的生活。

不幸的女人，总是把不幸的原因归究于他人或命运。就算承认自己的失误，也一定不忘加上一句"我也没有办法"，所以，她们才无法清除不幸的种种因素，从而重复着不幸的生活模式。不幸开始于你没有信心摆脱不幸的想法，因为你不懂得只用一句话就可以拒绝不幸。

对于女人来说，比癌症更可怕的是什么？是惯性。女人往往害怕改变，害怕改变引起的波动，因此不敢做出与当前截然不同的选择，这正是导致不幸的主要原因。女人正因为选择了安于现状，因此一般意识不到是自己选择了不幸之路。所以，她们总是说："我什么都没做，但不幸总是跟着我！"

她们的另一个特征是：总为自己愚蠢的选择找各种理由合理化。如果老板没有向她兑现承诺的奖金，她会想：也许公司的资金流真的出现了问题吧；如果老板把好的深造机会给了别人，她会想：也许人家真的比我优秀吧；如果有一个好的工作机会到了她眼前，她会想：天上不会掉馅饼，我怎么会有这么好的机会呢？

就这样一而再、再而三地让自己向不好的现实妥协，即便身旁的人想给她一些忠告，一听到这样的话只能打退堂鼓，也就爱莫能助了。

凡是对现状有强烈不满、却努力说服自己"满足"的女孩都应该认识到这一点："满足"这个词有着很强的封闭性，它意味着无视于眼前多如牛毛的机会，而让人甘心安于现状。不求发展而安于现状，是因为认为幸福和自己相去甚远，严格来讲，"满足"和幸福没什么关联，"知足常乐"不过是人们处于低谷时期一种自我安慰的说辞罢了。如果你想摆脱不如意的境况，还是要刺激自己，永远"不满足"。

想想看，一只小鸟要出生，必须要亲自毁掉那个保护它的蛋壳。人的出生也一样，要冲出保护自己的子宫，来到世界上。其实，人的一辈子、所有美好的一切，不论大小，都是在这样的破坏、离开、弃旧的过程中实现的。幸福不是静止不变的，它是动态的、积极的。所以，为了得到幸福，我们需要勇气和果断的能力。

虽然不是百分之百，但绝大多数慨叹自己"命苦"的女人，都不知道自己为什么"命苦"。她们不知道自己糟糕的现状，很大程度上是自己造成的。很难保证正在读本书的你就不是这种女人。如果觉得自己一直在"倒霉"，那么，看看以下内容中有几项符合你自己：

1. 我一直认为自己运气不好。

2. 虽然对现状不满意，但我认为自己已经竭尽全力了，所以，只好这样得过且过吧。

3. 不论是多么细微的事情，我都不想有新的尝试。

4. 这个社会有问题，出生在这样的地方，我还能期待幸福吗？

5. 还是和情况相同的朋友聚一聚，说说心事比较好。

6. 真正得到幸福的女人不是我，而是其他人。

7. 看到那些富足幸福的女人，我感到厌恶她们。

如果你符合以上所有项目，那么，你很有可能正是那个不愿意改变现状、甘愿被霉运牵着鼻子走的人。你应该尽早跳出这种困扰你自己的生活框架，为自己寻找新的契机。确定一个明确又醒目的幸福目标，开始摸索更好的方向，那将意味着你的生活会发生全新的变化。

♥闺房私语──────────────────────────○

当你能够从根本上扭转对一个事物的看法时，带给你的感受就大大地不同了，这个大大不同的感受也会带给你大大不同的结果。所以，换一个角度，你就是赢家！

2. 现任老板真的是鸡肋吗

> 与其在嘴上失意、抱怨，不如采取行动做些改变。
> ——歌手朱哲琴

鸡肋，就是食之无味、弃之可惜。很多女孩子会有这样的感觉：现在的工作无所谓好，也无所谓不好，每天处于混日子的状态，没有大的发展前途，却也没有丢开它的理由。如果你正处于这样一种状态，我给你两种选择：第一，在做好本职工作的基础上发展一点其他特长，尝试写作或者研究家政，把生活过得充实些；第二，果断辞职，然后找一份有挑战有成就感的工作。

第一个选择可能比较容易理解，工作无非就是"谋生手段"嘛，既然现有的工作能够让你衣食无忧，又不必受奔波劳累之苦，不妨自己找点事情做，让生活更加多姿多彩。可是，据我所知，能够享受这种待遇的人很少。有些姐妹的工作貌似清闲，但是收入非常有限，个人能力得不到半点儿提升，她们说得最多的一句话就是："这样下去我就废了。"

如果你正是"即将报废"的一员，还是遵从我的第二个建议，赶紧辞职吧。我们都知道温水煮青蛙的故事，在安逸的环境里呆太久，会禁受不住突如其来的变故。而你又没有一技之长，一旦企业裁员，或者生活发生重大变故需要你出钱养家，你就会有"天塌下来"的感觉。所以，我建议你果断放弃这块鸡肋，不要害怕，努力去寻找新工作，实现自我价值。

现在，我要给你讲讲我国台湾地区的台北市第一位女性副市长李永萍的故事。1986年，李永萍还在台湾大学外文系念书，她对戏剧艺术有着浓厚的兴趣，一手建立创设起"环墟剧场"，在当时台湾地区风起云涌的小剧场运动中独领风骚，成为小剧场运动先驱。她尽情地搞怪，挥洒着自己的创意。她还响应赖声川的号召，带领一群同学搞集体创作，并把演出地点扩大到整个城市的任何地方，而不仅仅是局限于剧场内，随时随地都在演出。

"小荷才露尖尖角，早有蜻蜓立上头"。在文艺界小有名气的李永萍得到了一个平步青云的机会。有一次，李永萍导演了一出舞台剧"罗密欧与朱丽叶"，一举拿下大学学生戏剧奖，其闪亮的表演立刻就被台湾地区舞蹈界的表演艺术家林怀民看中了。林怀民是当时的"大腕"，能够得到他的垂青，无异于搭上幸运直达车，以后的艺术道路不可限量。出乎大家意料的是，林永萍毫不犹豫地放弃了这个机会，选择了自己喜欢的电视新闻专业，一下子"跳"到了纽约。

原来，林永萍有自己的小算盘。她虽然酷爱戏剧，以"文艺女青年"自居，但是并不愿意成为一个专业的戏剧演员。有著名导师带上舞台固然令人向往，但是那个舞台还远远承载不了她的演出欲望，她希望自己有更加广阔的施展空间。

三年后，她拿到了硕士学位，回到台湾地区担任电视台新闻部企业主管。这个时候的李永萍比较满足于自己"文化人"的身份，对政治还没有太大的兴趣。但是一个偶然的机会，她发现自己应该"跳"进那个曾经不以为然的圈子，去发挥更大的作用。

从政，这个转变让旁人大跌眼镜。李永萍回顾自己这次"跳槽"时说："在台湾，文化人太弱势了，各种努力都会被泼冷水。当我们想用自己的力量改变些什么的时候却发现身后没有支撑，那与其只会抱怨泄气，不如进入政治圈把权力夺取过来。当时我所做的媒体工作也是一直要跟政府人物打交道的，我一气之下，就想干脆跳入火海和你们斗斗去。"

这一斗就停不下来了。她接替龙应台就任台北市"文化局长"，上任一年不到，人们对她的评价是："果断、明快、有魄力。"她的任务是和时间赛跑，用"文化局长"的权力在很短的时间内把资源整合，制度重整，重新点燃台湾地区艺术家们的希望和热情。

兜兜转转，李永萍的人生在文化界和政治圈来来回回，最终找准了一个位子。这个在台湾地区民众眼中以"果断、有魄力"著称的女政治家精力旺盛，忙碌了一天之后，如果晚上有访问，她还能眼睛闪亮，丝毫不见倦意。因为她还有未达成的心愿，她还在计划下一次"跳槽"，那就是"跳"离政界，"跳"回文艺界，回到二十岁时的梦想去，做一个小说家或者编剧。

　　找谁当老板，找什么样的老板，李永萍给广大职场女性树立了一个好榜样。**跳槽是为自己的理想而跳，为争取更好的舞台而跳，为追求更好的生活而跳。如果现在的老板并不能把你送上理想的平台，就要果断放弃，勇敢追求自己想要的东西。**

　　有很多女孩貌似心怀抱负，整天抱怨说："现在的工作好无聊哦，每天都是些琐碎的事情。"还有人说："工作太清闲了，我都无事可做，真想换个更有挑战性的工作。"可是迟迟不见她们动手。她们的弊病在哪里呢？

　　我觉得，出现这种情况，主要原因还是在于她们自身。没有哪个老板会养活闲人的，他给了你工资，设置了这个职位，就说明有事情要你做。如果你把手头的事情做完了，还有大把的时间，也许是你确实有着与众不同的能力和精力。这时，你可以向上司申请更多的任务，或者采取"偷师"的做法，去关注一下自己感兴趣的部门情况，看看有没有可能学到新东西，为"轮岗"或者"跳槽"做准备。既然你厌倦现状，就得想出办法改变它；如果整天抱怨而不付诸行动，那就是白费。

❤**闺房私语**

　　鲜活的实例告诉我们，拿高薪不等于稳定，追着热门行业也不等于稳定，保持冷静的头脑，居安思危，高瞻远瞩，才能保证你立于不败之地——当然，如果你有个百分百可靠的老公的话，等着他给你养老或许也可以。

3. 离开？先给个理由

> 每个人的路并不是无限的长，在有限的路上就一定要考虑如何行走的问题，走山路还是水路，大路还是小路，跟什么人一起走，走向何方，是急走还是缓走，这些都是在路上的人必须回答的问题。
>
> ——央视主持人王利芬

　　人是趋利动物，如果得到了足够的好处，谁也不愿意轻易跳槽。可是人的欲望又是个无止境的东西，遇到了更好的诱惑总免不了心痒痒。守着好老公的女人也免不了红杏出墙，就是这个道理。所以，在离开现任老板之前，我们必须想清楚"为什么"。**离开，你会得到什么，失去什么，两相比较是否能够让你感到心理平衡。**

　　网络招聘机构 104 人力银行和《信息周刊》发布了 2008 年 IT 业薪资调查报告，根据调查显示，受访者中，超过 80％的人存在跳槽意愿！在看到这个调查之后，笔者认为以下几个因素导致了目前 IT 人士跳槽的意愿状况。

　　据统计，薪金偏低是用的最多的一个跳槽理由。我们经常对新人说"不要为了薪水而跳槽"。但是对于一个有丰富工作经验的职场人来说，如果你目前得到的待遇确实低于市场平均水平，在跟主管沟通之后又不能满足你的合理加薪要求，那就应该考虑离开。

231

职业上升空间受到制约是跳槽的另外一个理由。当部分职员其职业上升空间受到企业的制约，个人才能没有施展的空间时，就会萌生去意。遭遇这种状况，你应该想清楚，究竟是自己的原因呢，还是公司的原因。在升职这件事上，起决定性作用的因素有两个，一个是公司的绩效评估制度，还有一个就是你跟主管的关系。很可能你是卖力工作的，可是你不擅长"管理老板"，总是干了活儿却不招人待见，总是充当冤大头。混到这个份儿上，耗着确实没什么意思。

第三个离开的理由就是公司的制度公平性。我们经常说，大公司看制度，小公司看老板。意思就是说，进大企业，要看它的制度怎么样，如果你能接受它的制度，就能够获得很好的生存空间；进了小企业，你就得想方设法赢得老板的青睐，因为小企业是老板的私人财产，如果你能够为他挣钱，他愿意为你变通制度。当然了，即便是在大企业里，执行制度的依旧是人，是你的"顶头上司"，从这一点上来说，就算制度公平公正，倘若有人从中作梗，你也是白费力。中国是个"关系"社会，就算你在外企，也是跟中国人打交道居多。

第四个理由就是人际关系了。很多人抱怨"这个公司的人际关系太复杂"，其实这是一条不应该成为理由的理由。因为职场中，所有的关系都是复杂的，因为牵扯的利益太多，利害关系太多。为了这个原因跳槽的人，我劝你多多反省自我，别一味抱怨单位。正所谓"点儿背不能赖社会"，你跟一两个人的关系紧张，可能是他们的问题；你跟所有的人都格格不入，那就说明你缺乏基本的职场交际能力。你不该改变工作单位，应该改改自己的脾气。否则换到另外一处你照样会感慨"怎么这里的人素质也这么差呀！"其实，职场人都一个德行，你要学着见怪不怪，其怪才能自败。

最后一个常见的理由就是诱惑：往"性价比高"处跳。**当你有了足够的职场经验和专业素养，你就有资格"挑"了。制度、待遇、压力、自由度、兴趣都满足你需要的职场是不会存在的，这时候你就要考虑综合的性价比，看看你在鱼和熊掌之间做出怎样的取舍。**我有个朋友，原本是 CBD 光鲜的白领，拿着让人艳羡得流口水的工资，可是被巨大的压力搞得几近崩溃，连孩子都"没时间"生。最后，她终于放弃了这种"非人"生活，辞职去了一家规模相对较小的公司，待遇只相当于从前的一半，但是有更多的业余时间看看闲书。现在养好了身体，她要生宝宝了。她觉得这样很好。

总之，离开的理由千差万别，你不一定要向新单位如实反应，但是自己心里必须有数。稀里糊涂地离开只会让你更加稀里糊涂地开始下一轮职场竞争，这势必是一个恶性循环。聪明的女人要会"算"，胸有成竹，才能让职场的路更加平坦。

❤**闺房私语**

美女们，跳不跳槽不是关键，问题是要跳就一定得跳得更高、跳得更好，如果只是为了跳槽而跳槽那就真的不如选择老老实实呆在原地的好。只有把所有利弊得失都想明白了，所有工作都做充分了，到时候无论你跳与不跳都能奠定自己的"江湖地位"。

4. 你希望得到发展的是什么

> 为梦想勇敢往前冲吧，行动就会有收获！
>
> ——律师郭建梅

盲目跳槽不可取，如果决意要走，一定要搞清楚自己希望得到的是什么。这时候的你已经有了一定的工作经验，要明白职业选择上，要搞清楚逻辑关系，高薪水和职位不意味着你就能够成为这个职场里的赢家，必须得认定目标，一股劲儿地朝那个方向去，这样才能有所收获，否则，跳槽是不值得的。

滕利二十六岁进入了外企公司，职位就是个行政助理。刚刚接手这份工作时，滕利觉得满脑子混沌。当时她已经结了婚，先生对她说："你就当有个事情做打发时间吧，家里的钱我慢慢挣给你。"滕利听了这话很感动，她是个容易被感动的女人，喜欢看肥皂剧，看到纪录片里事不关己的饥荒也会掉眼泪。先生的话让她一瞬间觉得自己似乎真的可以这么平平淡淡地走完以后的生活。

但是这样的状况持续了一段时间之后，她开始感觉不安。她反复问自己，自己究竟想要什么？她不是一个甘于平庸的女人，这个巨大的问号一直在脑子里挥之不去，她甚至想到了辞职。她觉得自己太安逸了，换一个"刺激"的工作也许更好一些。

就在滕利萌生了跳槽念头的时候，公司安排她策划一次捐赠医疗设备的活动,帮助贫困地区改善医疗状况。那一瞬间,滕利的思路触电般的贯通,她发现自己可以在帮助别人的过程中享受到乐趣。"我就要做这样的事业!"滕利就此找到了事业发展的方向。她没有跳槽,而是向更高的地方跳了一下。

之后的几年,滕利的职位越来越高,手中的决策权也越来越大。在她的积极促进下,公司在"非典"期间捐赠医疗设备,建立奖励基金服务农村地区,为云南大理南涧彝族自治县成立了"爱心助学"专项基金,为宁夏农村地区设立医疗试点工程。这些正是她想做的。

"找对地方,不是说从此就不再遇到困难,而是面对困难的心态不一样。"一晃就是十二年,滕利经历的职场辛酸苦辣一样不少。但是她觉得,这些都可以被事业成功后的满足感和快乐抵消。"付出显得特别微不足道,就是因为做对了事!"

现在,滕利已经成为锐珂医疗器材有限公司大中华区副总裁。谈及当年"跳槽"的念头,她哈哈大笑说,我也"跳"了嘛,不过是深深地蹲了下去,然后高高跃起。

对于所有在"跳"与"不跳"中间纠结的姐妹来说,不应该一味地想着现在这个公司有多不好,而是问问自己的内心,我究竟想得到什么,希望朝着什么方向发展。如果仅仅是遇到一家年薪较高的公司想要挖你跳槽,那么你完全没有必要轻举妄动,而是应该把目光放远一些。换工作以后是不是保证你的事业更上一层楼,或者只能延续现在的状况没有太大改善……掌握好这些,还要考虑清楚什么是适合自己发挥进步的工作,那么你就基本可以判断自己离职的时机了。

如果你错过最佳的离职时机,仅仅因为"宁做鸡头不做凤尾"的自尊心而不想挪窝的话,也是一件让人扼腕的事情。假设和你同时进公司的男同事们纷纷升职，目前只有你这个女职员没有得到晋升，而这个时候你忽然接到了承诺给你提高月薪和职位的其他公司的邀请，那你还犹豫什么？愿意直接提升你的职位就说明对方承认你的业务能力，而公司提升和你能力资历相差无几的男同事而一直遗忘你，那你的公司的确对你不够重视，如果你连在这个时候都还犹豫不决想继续呆在原公司的话，那么你就是白白放弃了一次绝佳的离职机会。

那么，最佳的离职时机是什么时候？一般来说，在一家公司的资历已经超过三年，你就会成为猎头眼中的"红人"。如果真的确定这份工作是绊住你的绳索的话，要么在刚进入公司一个月时辞职，要么就等到经历满三年后再递交离职申请。如果工作经验未满一年或五年内连续换了三家以上的公司，大部分人都会认为你在这段工作期间不会锻炼到相关的能力，而且也觉得你缺乏耐性，从而不承认你拥有多年的工作经验并否定你的能力。

所以，为了让你这一"跳"给你带来更好的前景和"钱"景，我建议你离职时考虑好以下问题：

1. 我了解自己吗？正确认知自己的能力、优缺点、有用的经历，这样待工作以后，才可以树立正确的方向和目标。

2. 对于自己未来需要积累的经验要有一个大致的计划。十年以后，你的工作经历中至少要有一项职务或业种需要保持连贯性，起码让人看到你在某一领域有着稳定的表现。

3. 设定目标公司或涉足领域。收集和了解自己理想的目标企业、想要涉足的领域和职务相关的各种信息。

4. 不要破坏自己在前公司的形象。有经验的员工换工作的时候，尤其注意这点。即使离职也要给人留下好印象，现在进行背景调查的公司已经越来越多。

5. 维持自己的人际网络。基本上和认识的人都保持联系，同时和猎头公司搞好关系，人脉永远是你在社会立足的关键。

6. 频繁更换工作的现象应该能免则免。如果想要离职，你就要充分考虑自己的离职频率和离职时间等方面。最好的情况还是避免不停地转换工作。

7. 与其涨工资，不如提高职位更有发展潜力。跳槽时首先要考虑的就是你的职位和工作性质，有发展前途的职位才是上选，而薪金会慢慢随之而来的。

8. 提升自我充值的幅度。保持你所在职位的专业能力，记住小学时学过的名言：学无止境。

9. 制作迎合顾客型的求职简历。撰写简历书时力求做到尽善尽美，创意和美观都要注重，而简历的内容最好约六个月检查一次，并随时保持更新。

10. 打造移动的资料库。为离职做准备时，每周的成果都要存放在移动资料库里，比如移动硬盘、光盘等。

♥闺房私语

如果你不是迫切地需要用钱，最好不要为了职位和薪水作为工作的唯一动力和目标，你应该考虑到新的公司能够给你想要的东西。实在不知道如何选择时，要问问自己："希望十年后自己在哪里？"对于看不清方向的船家来说，不管怎么航行都是逆风。

5. 跳槽 VS 离婚

你可以不成功，但你不能不成长。也许有人会阻碍你成功，但没人会阻挡你成长。

——资深传媒人士，阳光媒体投资集团创始人杨澜

很多人在离开前任老板之前，都会认真清理自己的电脑，该删除的删除，该打包带走的打包带走。做这些，不仅仅是为了跟这个公司做个"了断"，更是为了把自己这段职业生涯做一个全盘清算：你在老东家那里得到了什么？

很多年轻人走"愤而辞职"这条路，辞职信在桌子上拍得啪啪山响，恨不得再把老板揪过来咬几口打几拳。仔细想想，你出了一口"恶气"之后什么都得不到。换个聪明的，就应该不声不响在心里打打小算盘，临走之前能够"卷"点儿什么值钱的带走。

当然，我不是让你偷呀，而是"借"。借什么？人脉，应该是你首先想到的。从前的老板再不好，也是圈子里的前辈。如果你以后还在这个行业做，说不定就会跟他打交道。**熟悉职场的人就会明白，业界的圈子往往就那么大，孙悟空们横竖逃不出如来佛的手掌心，与其在如来佛手指上撒泡尿解气，倒不如说几句好话找个借口闪人，留给佛祖一个潇洒的背影。佛祖高兴了，还能给你个佛做一做。**

我的姐妹刘鑫曾经在一家策划公司任职，干了几年之后觉得不

想再为别人打工了，就向老板递交了辞呈，说是要自己去创业。刘鑫老老实实按照公司的规矩办妥移交手续，还专程上门拜访了老板，坦率地说了自己的想法，承认自己跳槽给公司造成了损失，请求老板的原谅。老板当然不想流失这么好的员工，所以送她出门时，特意叮嘱说："以后有什么需要尽管来找我。"

后来，刘鑫自己真的开了个小公司。她有管理经验，也熟悉不少的客户，再加上众多朋友的帮忙，确实赚到一些钱。可是经济危机一来，小公司的资金链一下子跟不上，公司几乎要垮了。正当她愁眉不展的时候，前任老板伸出了援手。现在，经济状况稍有好转，刘鑫的公司已经渡过难关，正步入正轨，生意日渐红火。一次跳槽的经历竟然在日后成了"起死回生"的本钱，刘鑫感觉自己大赚了一票。

除了人脉，你赚到的还有技能。假使你不是因为"太笨"而被公司炒鱿鱼，你就应该在这个公司学到了很多东西。每个公司都有一些"独门绝学"，你够用心的话，应该可以学到一部分。不要小看这"一部分"，说不定能够派上大用场。小时候看《雪山飞狐》，里面有个叫阎基的跌打大夫，暗中偷了两页"胡家刀法"，竟然练成了武林高手。可见，"真功夫"的"一部分"已经威力十足了。

当今的人才市场出现了两难的局面，一方面是求职者喊难，他们没有工作经验，没有一技之长，找不到合适的工作；另一方面是招聘人员喊难，有工作经验、有本领的"高人"太少，一般求职者都无法满足他们的高层次需要。这个时候，掌握"核心技能"的人才最受欢迎。如果你"出身豪门"，又带着他们的"绝学"、"秘籍"，就不愁没人赏识你。

当然了，我说的是技术，不是秘密。技术学到了你身上，印在你脑子里，你到哪里都可以用。但是前单位涉及机密的信息你是不能出卖给新单位的，这是职业道德和人品问题，与职业技能是完全不同的两回事。

此外，在原单位树立的良好口碑也具有无法估量的价值。现在很多大企业在聘用高层管理人员的时候会进行背景调查，也就是暗地里到你原来的学校、单位调查你以往的表现。大家都说你好，新的用人单位自然就给你打出很高的印象分；大家不知可否，新的用人单位要给你的名字后面画一个问号；大家都说你不好的话……新单位是不会傻呵呵地接收"过街老鼠"的。

想一想，跳槽就像改嫁：一般说来，改嫁的姑娘多少是会受到歧视的，但是如果你带着丰厚的嫁妆，新婆家自然还会对你另眼相待。在古代，像凯撒大帝还专门娶了个寡妇做妻子呢——因为她实在太有钱了，可以支持他的政治野心。这个比喻可能有点儿难听，但是话糙理不糙，在跳槽的时候想清楚老东家可以给你带来什么额外的好处，这确实是一项"隐形资本"。

❤ 闺房私语 ···○

跳槽严重影响人们心理的一个致命原因是，自己对曾经拥有东西的失去所带来的失落，这种失落是你现在得到的东西无法弥补的。就好像你有了新男朋友，甜蜜的时候怎么都好，一旦吵架了，不由自主就会想到"前任"的好。跳槽之后也难免会有这样的比较，一定要注意调整好自己的心态哦！

6. 告别 "坏老板" 时不用撕破脸

> 其实愤怒永远和期望落空有关。如果我们所期待的同情、支持、爱、和谐的交流，或是任何一种欲求得不到立即的、正向的响应，日积月累就会形成愤怒。
>
> ——畅销书作家、翻译胡因梦

我遇到过很多中途跳槽的人，有一些是 "人往高处走"，有一些成为了盲目换地方的 "职场跳蚤"。不管属于哪一类跳槽，最不好的情况有两种，一种是明面儿上扔炸弹，当众撒泼耍赖数落一通老板的不是，像发动政变似的恨不得把所有人都煽动走；后一种是暗地里埋地雷，悄无声息地消失，不负责任地丢下一堆进行到一半的工作，坏了老板的计划不说，临时连个继任的人都找不到。这两种跳槽情况都是职场大忌。

理想的跳槽当然最好和情人间理想的分手一样——再见亦是朋友。比如我认识的一位财务经理，在履新后的几个月内，还在义务为前公司充当财务顾问，大小事件随时为继任者提供电话咨询。若是上班时间，不方便接这种容易引起现在同事误解的嫌疑电话，还得走到楼道里偷偷摸摸地电话指挥。还有一位销售总监，离职前不仅找好继任者，并手把手带着人家跑了一圈客户，完成交接后才走人。任劳任怨的程度很像从前忠心的老管家，老东家死后，还要鞠躬尽瘁辅佐着不争气的少东家。

这种忠诚的品质在现代职场同样能为个人品牌带来增值。群众的眼睛是雪亮的，并且群众在兴奋地传播丑闻的同时也不介意夹带些好人好事的新闻。现在，很多人玩"开心网"，却没见开心网做过任何广告。为什么呢？因为口耳相传的东西比广告更容易让人相信。**如果一个人被认为兼具能干和忠诚两种品质，他就会成为职场中的"抢手货"。**

好聚好散的另一个必要性是，在跳槽率居高不下的中国职场，你极有可能和以前的同事再续前缘，在另一家公司二度相聚。事实上我周围一圈同行友人聚会的时候，同事关系就错综复杂，常常出现我的现同事是我前同事的前同事之类的情况。如果曾经结下梁子，会为今后的职业生涯埋下不少隐患。我认识的一位广告公司的中层经理最近就陷入这种麻烦。为了回佣的数额，他离职时与公司的副总经理几乎翻了脸。好不容易到了新公司，以为彻底走出了阴影，结果没过几个月，副总经理居然跳到这儿来当正总经理了。虽然大家都是成年人，不会像小孩子过家家一样说："我不跟你玩了，你走。"但装成什么都没发生也需要花费不少心力，至少会让已经十分紧张的职场生涯变得更加无趣。

目前，职场上企图约束高管的同业不竞争条款进一步增加了好聚好散的难度，许多公司让中高层管理人员签下离职后一段时间内不得到同行业公司从事类似工作的协议。因为双方对于同业不竞争期间的报酬支付常有分歧，因此不要说好聚好散，吵到互揭老底的程度的都大有人在。这大概和没有签订婚前和婚后协议的离婚夫妻遇到的财产纠纷相似。

当然也不乏好聚好散的例子。我认识的一位公司董事在离职时领取了两年年薪，作为这期间不得在同行业公司任相似职位的补偿。她很开心地利用这段时间生完了孩子，等到再出山后，发现再找一份有相似报酬的工作并不容易。事实上她的遭遇应该也是现在诸多公司高管可能面临的尴尬。她最后找到了一份头衔与过去相当，但薪水只相当于过去一小半的职位。想想过去两年白领的薪水，觉得自己赚了一大票。

其实，与"老东家"好聚好散比与"老情人"分手要容易得多，只需要参考下面四点小贴士：

1. 利落处理交接。要给公司充分的时间找到一个能够接替工作的人选，尽快处理手头上的公务，不能在离开前完成的也应妥善交代。只要还在这庙里一天，就要坚持撞好一天钟。在离职前的最后一天都尽职尽责，既能体现你的职业素质，也会让新公司对你的责任感心里有底。

2. 完美谢幕离开。也许你与原公司同事和领导的关系不错，那么在离别的时候表达出你的谢意吧。也可能你和同事之间存在着小小的过节，在离职之际不如让这一切云淡风清。你可以试着对他坦白地谈谈自己的感受，也可以通过几句话语甚至一个眼神，让他明白你的心意。离职之前请大家吃一顿散伙饭是个不错选择，在欢喜融洽的气氛中完美谢幕。

3. 用心维护关系。离开了原公司，和原来同事共同的经历少了，交流的机会也减少了，难免会产生一些疏离感。此时就需要你用心地付出和旧同事维持良好的关系，在对方生日、良宵佳节里的短信问候，时不时的电话沟通，偶尔见面叙旧等，都会让同事与你保持良好的关系。

4. 自觉保守秘密。这就关系到"人品问题"了。你在前一个公司任职，多少会知道公司的内部消息，当你跳槽到另外一个公司的时候，一定要管住自己的嘴，千万别做"卖主求荣"的事情。职场中需要商业间谍，但那是老板们的诡计，他们不需要你主动充当这个角色。你出卖旧主人不一定换来新主人的认可，但是绝对换来旧主人的怨恨。

还是强调那句话，好聚好散，跳槽理应如此。谁知道你将来会不会跳槽回原公司呢，说不定跳槽后新公司来做 reference check 呢，总之，即便跳槽了，给原公司留下良好的印象非常重要，千万不可小觑跳槽后续效应哦。

❤️**闺房私语**⋯⋯⋯⋯⋯⋯⋯⋯⋯⋯⋯⋯⋯⋯⋯⋯⋯⋯○

> 跟老板"和平分手"还有利于日后"吃回头草"。老板愿意为你提供"回头草"肯定是对他有利，你吃与不吃，要看对自己的利害关系。有利，就吃；利大于害，也可以吃。吃回头草是伤面子却得实惠的事情，与实实在在的好处比较起来，面子又算得了什么呢？是"好马"，必要的时候就要吃回头草，因为这个世界上好马很多而回头草很少。

7. 世俗的女人才能找到好老板、好老公

> 与其被现实牵着鼻子盲目地生活，最终不得不成为一个凡夫俗子，还不如早一天理解现实环境，让人生完全在自己的掌控之下。
>
> ——《二十几岁决定女人一生》作者南仁淑

老板好，你就继续给他打工；老板不好，你就另谋高就。劳动力市场就是这么自由、现实。愚忠的故事不适用于当代职场，理智地寻找适合自己的发展空间才是现代人应该做的选择。**留下还是离开，要由客观条件决定，即便你跟现任老板关系很融洽，如果出现了更好的发展机会，也应该勇敢抓住**——我相信，如果他真的为你

好，会支持你的。

也许你会说，这样的观点太世故。我要说，只有这样"世故"的人，才能找到好老板和好老公。人往高处走水往低处流，这是人之常情。

有了一定社会阅历，对生活有所感悟的姐妹一定会认同我的观点。本来嘛，我们就是世俗中人，本应该用世俗的眼光考虑问题、看待生活，难道读了几本文艺作品、看了一些圣贤书我们就该不食人间烟火、超凡脱俗地活着吗？你一个人这样没问题，但是到了职场里，老板可就不吃你那一套了，因为他是凡夫俗子，而且是众多凡夫俗子中最"凡"最"俗"的。老板们办企业就是为了挣钱，如果你嫌他庸俗，干脆就别工作了。

退一步讲，你要恋爱、结婚、生孩子、赡养父母，这哪一件不是世俗之事？也许你是十指不沾泥的豌豆公主，嫁了另外一个十指不沾泥的青蛙王子，但是你们终究逃不掉"饮食男女"的自然法则，不可能每天花前月下度日、餐风饮露过活，处理"王室"错综复杂的关系，照样"世俗"。如果你不信，英国的前王妃戴安娜就是反面榜样。她进入王室之后无法适应里面的人情冷暖，也不懂得如何讨得家族欢欣，终究成为怨妇一个。

现在很多书教唆女人应该把自己当成公主或者女王，当然按照他们的推理，这些观点也不无道理。其实，更多的时候，那只是对自己的一种疼爱和自我尊重。你可以在自己的世界里做你的千金小姐、白雪公主或者至尊女王，但是却不能强迫你身边的人承认这一事实，让他们毫无怨言地对你言听计从、毕恭毕敬。因为这一想法不仅不切实际，而且困难重重。

对于独生女占压倒性多数的 80 后、90 后而言，大小姐脾气几乎是与生俱来的，并且很容易将之带到工作和社交当中。有些女孩子对自己的很多习气意识不到，就算意识到了，一时半会儿也改不过来。所以，她会不分场合地使性子、耍脾气。在男朋友面前闹一闹，似乎还说得过去，要是在老板、同事面前说翻脸就翻脸，那八成是要吃不了兜着走了。

还有一种女孩子，比起爱使小性子、耍小脾气的"公主"、"女王"来，更痛恨"世俗生活"，那就是文艺女青年。现在，对于这些人有很多称呼，"小清新"、"小文艺"都是此类人的标签，她们从来不进菜市场、成都小吃店等市井集散地；生病了不去医院，而是披着毛毯在家里一面吸烟一面在某个小众的文学网站上诉说胃痛和寂寞的神秘关系；她们从来不蒸米饭不炒菜，但是熟知某条酒吧街某家咖啡的味道和威士忌的价格；她们买造型夸张的首饰和波西米亚风格衣服的时候从来不缺钱花，但是会在电话里向父母哼哼唧唧诉说物价上涨自己吃不上饭这个社会真是不让人活了……总之，这些美女们的思考方式跟寻常百姓完全不同。她们从黑格尔到维特根斯坦，从海明威到村上春树无所不知，但是不知道黄瓜多少钱一斤、同学结婚要包多少钱的红包。

这些"非世俗"的小文艺们，憎恨雇佣关系，讨厌老板的黑脸，更瞧不上衣冠楚楚上班的白领灰领们。在她们看来，跟这样的人根本就不可能有"爱情"，没有爱情又怎么能结婚呢？她们可以在论坛上与某位不曾谋面的文学男青年以"老公老婆"相称，却不会跟现实中某个写字楼里的男人谈婚论嫁。她们与世隔绝般地活在自己想象的世界里，却指手画脚评价这个世界太"世俗"。

对于这样的女孩子，我只好说，如果你们能早一点领悟"生活就是由无数世俗的事情组成"的道理，就不会如此困惑了。人在年轻的时候总是有个"有爱饮水饱"的阶段，迷信感情，对形而上的世界充满兴趣，选择性自闭，甚至厌世。这是心理发育的一个必经阶段，可以理解。但是，**当你到了一定年纪，你就必须接受这个让你无奈的世界，你要学着正视那些曾经鄙视、漠视的东西，比如：**

稳定的工作岗位，诚信的老板，良好的同事关系，会赚钱的丈夫，名牌服饰，自己的房子，等等。你必须变成自己曾经蔑视的凡夫俗子，否则只会让自己在年老之时生活更加艰难。想想看，假如你的朋友都有自己的事业和家庭，他们的生活都上了既定的轨道，而你年纪一大把，还痴迷在一个虚幻的世界里，不会孤单无助吗？

如果你的年纪还小，社会对你几乎没有任何约束，不论做什么，都会因为"年轻"轻易地得到原谅与包容。可是，过了这段时期，容许犯错的范围、机会将愈来愈少。这就是早早学会世故，比在三十多岁以后才了解世故要好上一百倍的理由。学会世俗，意味着在现实的环境里活得诚实，意味着为自己制定切实可行的目标，意味着朝自己的目标有计划地前进，而不是随心所欲地混日子，意味着跟周围的朋友、同事都保持良好的关系，不曲高和寡，不孤雁离群。

只要你能早一点儿懂得"世俗"，早一点儿用现实的眼光去看待生活，你就很容易找到满意的工作，并与好男人相爱，过着富足的生活。因此，我希望大家摆脱对"世俗"的偏见，为了能够获得"现实"的幸福，必须从"现实"层面为自己考虑，这绝对不是什么可耻的事。当身边的小朋友不再叫你"姐姐"，而是叫你"阿姨"，你就应该意识到这一点了。

❤闺房私语 ⋯⋯⋯⋯⋯⋯⋯⋯⋯⋯⋯⋯⋯⋯⋯⋯○

世俗，意味着独立，意味着理解，懂得放下，懂得看到生活的美好，放弃生活的灰暗，懂得委屈不一定能得到安慰，懂得伤心除了生气还有其他的解决方式，懂得更加爱惜自己，懂得将爱分享给孩子、丈夫和父母，懂得感恩，懂得忍受，并将它变成生活的阅历。

★ 高跟鞋行动

1. 如果对现状不满意就努力改变它，犹豫不决只会让你浪费更多时间。

2. 手头工作你做得很轻松的话，可以向老板申请更多的任务。如果你已经很长时间没有自我突破的成就感，那就说明这份工对于你的意义并不大，也许应该考虑换一换。

3. 在跳槽之前，清楚地回答几个问题：为什么要走，我得到了什么，我即将失去什么，离开会不会有更好的前景。

4. 客客气气写一封辞职信，不管你多么讨厌现在这个老板，离开的时候还是要大度一些，从容一些。风水轮流转，说不定日后你会有求于他。

5. 离开原单位的时候，认真清理你用过的办公桌、电脑，带走一切私人物品，彻底清除电脑的使用痕迹，把相关的文件拷贝带走，或者永久删除。